浙江师范大学资源分析与规划省级实验教学示范中心资助

城乡规划与设计实验教程

主　编　马永俊

副主编　张艳明　龚迪嘉　白聪霞

U0250346

WUHAN UNIVERSITY PRESS
武汉大学出版社

图书在版编目(CIP)数据

城乡规划与设计实验教程/马永俊主编;张艳明,龚迪嘉,白聪霞副主编.—武汉:武汉大学出版社,2014.1
ISBN 978-7-307-12095-2

Ⅰ.城… Ⅱ.①马… ②张… ③龚… ④白… Ⅲ.城乡规划—设计—教材 Ⅳ.TU984

中国版本图书馆 CIP 数据核字(2013)第 264247 号

责任编辑:谢文涛　　　责任校对:汪欣怡　　　版式设计:马　佳

出版发行:**武汉大学出版社**　　(430072　武昌　珞珈山)
　　　　　(电子邮件:cbs22@whu.edu.cn 网址:www.wdp.com.cn)
印刷:武汉理工大印刷厂
开本:787×1092　　1/16　印张:13　　字数:302 千字　　插页:1
版次:2014 年 1 月第 1 版　　2014 年 1 月第 1 次印刷
ISBN 978-7-307-12095-2　　定价:26.00 元

目　　录

第1章　城乡规划与设计实验概述

1.1　城乡规划与设计主要课程概述

城市是一种特殊的地域，是地理、经济、文化的区域实体，是各种人文要素和自然要素的结合体，为人类的生存发展提供了空间场所。城市的规划设计是人类改善生存环境，使之满足生存安全、生活和生产需要的过程，也是人类创造第二自然的过程。随着社会的进步，现代城市的规划设计对交通设计、审美享受、文脉传承、空间意向等方面有了更高的要求。因此，城乡规划专业开设更多符合城乡规划原理、实践操作性强的城乡规划设计课程，以提高学生的专业素养和实践操作能力，城乡规划与设计主要课程如图 1-1 所示。

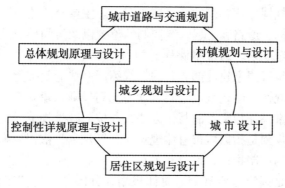

图 1-1　城乡规划与设计主要课程

1.1.1　总体规划原理与设计

本课程是城乡规划专业学生的专业核心课程。城市总体规划是一个城市发展的战略性规划，在明确未来一定时期城市发展方向与目标的同时，也要对长远发展有所估计，留有充分的弹性。城市总体规划原理与设计课程包括城市总体规划理论和课程设计两部分。理论内容主要包括城市规模、城市发展战略、城镇体系的空间布局和城市用地、城市生态环境保护与基础设施建设等各方面。城市总体规划课程是城乡规划专业的主要实践内容和课程设计，也是理论联系实践的重要环节。通过课程实践和教学，要求学生在掌握"城乡规划原理"等专业理论和专业技能课程的基础上，能够拥有认识、分析、研究城市问题的能力，掌握协调和综合处理城市问题的规划方法，并且学会以物质形态规划为核心的具体操作城市总体规划编制过程的能力，基本具备城市总体规划工作阶段所需的调查分析能力、综合规划能力、综合表达能力。城市总体规划解决的重点问题一般是有关未来城市发展的核心问题，主要包含两方面的内容：一是城市未来发展的统筹安排问题，由政府统一安排和规划执行，是城市职能的性质定位，发展方向与发展模式；二是城市未来发展的具体性核心问题，因为这些问题的具体性和实施性较强，所以需要政府以及规划部门的实施以及管理监督。进行城市总体规划，首先要对城市的现状概况、发展历程等基本情况进行整理，提出城市面临的主要问题；其次制定其发展战略和目标，提出职能和性质要求，预测规划期内各个阶段城市规模；然后为解决包括城镇发展模式以及新农村发展存在的问题而进行城镇规划区规划，确定城镇主导发展方向、发展模式选择；再次还需要对中心城镇区进行总体布局规划、专项用地规划、对外交通规划、道路交通规划、绿地系统与水系规划、景观风貌规划、市政工程规划、环境保护与卫生规划、综合防灾规划；最后就要进行历史文化名城保护规划、近期建设与远景发展设想、规划实施措施。

在进行新一轮规划前期，规划单位要对上一轮的规划的实施情况进行总结，并向原审批机关报告，其中修改涉及城市总体规划、镇总体规划等强制性内容的，应向原审批机关提出报告，同意后方可修改方案，同时也作为规划修编的依据。

1.1.2　控制性详规原理与设计

本课程是为城乡规划专业开设的专业核心课程。主要介绍建设区域内的土地使用性质和使用强度的控制指标、道路和工程管线控制性位置以及空间环境控制的规划要求，控制性详细规划是国家法定规划。通过本课程的学习，学生应掌握《控制性详细规划》编制的内容和方法，在贯彻执行国家建设部颁布的控规编制办法的基础上，分析土地使用区划的功能性、经济性、法规性，制定城市空间设计的规划导则，建立修建性详细规划制定的操作原则和规定，同时掌握详规文本的写作方法，并按照教学规范提交相应成果。

所谓控制性详细规划是指以城市总体规划、分区规划为依据，确定建设区域内的土地使用性质和使用强度的控制指标、道路和工程管线控制性位置以及空间环境控制的规划要求。控制性详细规划是国家法定规划。总体规划、分区规划是控制性详细规划的上位规划，对修建性详细规划起控制指导作用，修建性详细规划中的地块容积率、建筑密度、建筑高度、绿地率等指标不允许突破控制性规划所规定的范围。

在控制性规划学习过程中，学生应自觉培养调查分析与综合思考的能力，做到因地制宜、经济技术合理，理论联系实际，充分反映建设用地环境的社会、经济、文化和空间艺术的内涵，使设计的成果既严谨规范便于操作实施，又具有适当灵活性的特点。控制性详细规划成果应当包括规划文本、图件和附件。

控制性详细规划的主要内容有：①确定规划范围内不同性质用地的界线，确定各类用地内适建、不适建或者有条件地允许建设的建筑类型；②确定各类地块建筑高度、建筑密度、容积率、绿地率等控制指标；③确定公共设施配套要求、交通出入口方位、停车泊位、建筑后退红线距离等要求；④根据交通需求分析，确定地块出入口位置、停车泊位、公共交通场站用地范围和站点位置、步行交通以及其他交通设施，规定各街道路的红线、断面、交叉口形式及渠化措施、控制点坐标和标高；⑤根据规划建设容量，确定市政工程管线位置、管径和工程设施的用地界线，进行管线综合；⑥确定地下空间开发利用的具体要求；⑦制定相应的土地使用与建筑管理规划。规划编制的阶段首先是方案阶段，其次是成果阶段，成果是在对方案不断完善的基础上，最后编制完成完整的控制性详细规划成果提交审查。一般说来，调研工作是规划设计的一个极其重要的环节。除了甲方提供的基础资料外，规划人员应进行现场踏勘，进入规划区内部，通过踏勘了解现场情况来掌握第一手的资料。基础资料主要包括：①规划地区最新一轮的总体规划和分区规划，作为控规的指导性规划；②规划地区上一轮的控制性详细规划，可进行参考比较；③有关规划地区的各种其他规划，可进行参考，以避免出现规划自相矛盾的情况出现；④规划地区的现状人口数量及人口数量和人口指标；⑤规划地区的现状建筑情况，包括建筑高度、建筑质量、人均建筑面积等；⑥规划地区内公共设施的配套情况，包括学校、幼儿园、商业设施、金融设施、办公设施等的用地和数量的情况；⑦规划地区内绿地的数量及分布情况；⑧规划地区内市政基础设施的情况，包括给水、雨水、污水、供电、供热、供气、电信、环卫等；⑨规划地区内的用地状况，包括按照用地性质划分的用地图和按照用地权属划分的用地图；⑩规划地区有关的控制法规及各项管理规定；⑪规划地区地形图。

1.1.3　城市设计

《城市规划基本术语标准》（GB/T 50280—98）对城市设计的定义为"对城市体型和空间环境所作的整体构思和安排"，是贯穿于城乡规划的全过程。城市设计是城乡规划专业学生的必修课程，与建筑设计专题课程共同实现"建筑与城市"的教学主题，教学内容主要围绕城市设计概念与地位、城市设计性质与任务；城市设计与城乡规划、详细规划及建筑设计的关系；城市设计的指导思想与设计原则；城市设计的研究对象、类型与内容；城市设计要素和设计方法；城市设计的决策、实施、操作与管理；城市设计评价标准等。最终，通过本课程的教学与设计实践，使学生了解和掌握城市设计的基本概念、理论及一般设计程序、内容和方法；提高对城市建筑群体空间的塑造和整体形态的把握能力，从历史、环境、文化等角度入手，确定清晰合理的功能结构；正确处理好城市公共空间与周边自然环境及城市原有文化结构之间的联系与整合；培育对城市社会、文化等问题的发掘、观察和分析能力，能够从社会学（如人类生态学、文化学和城市学）的角度入手提出解决方案。

城市设计的主要工作内容，可分为三类：宏观、中观、微观尺度的城市设计，分别对应的是整体城市设计、局部城市设计和节点城市设计。城市设计的成果一般包含了三部分：城市设计研究报告、城市设计图则、城市设计导则。

（1）宏观层面的城市设计又称为整体城市设计，是研究城市空间的总体布局，建立远期建设目标的总体要求，营造良好的城市空间发展模式与人文活动框架，主要内容有：①确定城市格局，建立空间定位的参照体系；②优化交通组织，解决人们出行的方式与组织交通关系；③设计控制开放空间，是对自然景观与人工环境的升级和保护；④选取意象元素，帮助划分与人们城市生活密切相关的结构性控制元素；⑤划定重点区域，对区域进行进一步的设计和调整；⑥系统设计，对各个系统进行专项的层次划分；⑦活动特色，是对城市生活与活动的策划与设计。

（2）中观层面的城市也称局部设计，主要有两种情况：一种是由政府组织，为城市征集空间发展模式的方案，可以为后续的建设提供框架；另一种是伴随城乡规划的编制进行城市设计的研究，可以促进良好城市环境的形成。主要的工作内容有：①确定地区的结构形态，研究并确定设计地段的基本结构；②建筑形态，塑造城市空间形象；③公共空间设计，要求整体性与流畅性；④设计道路交通设施，完善和提升城市的道路空间的组成结构层次；⑤形象构成及景观，通过三维的控制确定城市设计的形象元素和景观的具体定位；⑥重点节点，对重要节点提出设计指导书并作概念设计；⑦环境设施，对设计范围内的绿化和建筑小品提出要求和建议；⑧活动支持，提出具体的可行活动。

（3）微观层面的城市设计又称节点的城市设计，范围包括：城市广场、公共绿地、实体环境元素、水体、铺地、环境设施等。通过对设计范围内空间景观的深入和了解，确定其设计表现形态，根据公共建筑物的设计要求，再来表现节点的设计。

不同层次的城市设计首先要建立城市可视形象的总体目标，通过规划来对总体城市设计实施操作，收集包括背景资料、城市自然环境、城市空间形态等相关资料，此外还要对民众进行民意调查，针对实际情况作出合理的调整。

1.1.4　居住区规划与设计

本课程是城乡规划专业必修的一门重要的专业设计课，是综合性规划设计类型之一，在整个规划设计课程体系中起到十分重要的基础训练的作用。课程以住区规划的一般步骤为教学主线，教学内容主要包括：①基地考察、项目策划、规划概念构思；②结构规划；③建筑布局、环境设计；竖向规划、给排水管线综合设计；④草图、模型、正图等各类表现手法。通过课程的学习以达到能力培养的要求：

（1）分析能力的培养。基地分析、周边环境分析、相关案例的评析，用文字、语言或图纸的方式加以表达。

（2）调研与策划能力的培养。要求学生理论联系实践，通过调研了解当今住区发展趋势和存在问题，通过调研了解住区建设背后的各类社会力量，并对项目进行策划（包括销售人群定位和产品定位），作为设计的基础。

（3）自学能力的培养。要求学生通过各种方式搜寻相关信息（如参考书籍、网络信息等），善于自我扩充知识领域，善于对各类信息加以分类提取和分析。

（4）物质形态规划能力的培养。继续强化美学素养，合理安排各类规划要素，最后的规划成果要求具备合理的功能结构、完整的建筑布局、有序的交通组织、适宜的空间环境和优美的景观。

居住区，泛指不同居住人口规模的居住生活聚居地和特指被城市干道或自然分界线所围合，并与居住人口规模（3 万~5 万人）相对应，配建有一整套较完善的、能满足该区居民物质与文化教育生活所需的公共服务设施等的生活聚居地。居住区作为具有一定规模的居民聚居地，是城市重要的组成部分，它为居民提供居住生活空间和各种生活服务设施。居住区规划是城市详细规划的重要内容，是实现城乡规划的重要步骤，其目的是为居民创造舒适、便利、卫生、安全、美观的居住环境，满足人们对居住的需求。有关我国的居住区规划设计理论是 20 世纪 50 年代苏联为适应现代化生活和交通的需要而提出的，并随后形成了一系列规划原则和手法。随着城市的不断成长，居住区层面的规划内容与目标也在不断地变，相关理论在不断地补充、完善，在东西方学者的努力下，关于居住区规划理论研究的发展经历了从偏重物质功能提高到注重人文内涵，再上升至可持续发展理念的探索。

现代居住区规划设计作为城乡规划设计的重要组成部分，应充分考虑城市经济的发展状况、城市特色、文化背景、民风习俗，根据整体环境和具体需要来综合设计，充分体现了国家人居战略目标最基本的发展需求，符合居住区规划设计规范。具体而言，应遵循以下原则：

(1)整体性原则。

完善建筑群空间布局艺术性，避免单一呆板的兵营式组群布局，体现以人为本，与自然和谐、融洽，可持续发展三大原则。建筑形式和空间规划应具有亲切宜人的尺度和风格，居住社区环境设计应体现对使用者的关怀。要满足不同年龄层次的活动需要，为其提供相应社区服务设施，在满足生理需求的同时注重居民的精神生活，通过对物质形态精心规划设计以及对住户组织活动特性的研究创造更多积极空间，促进住户之间的相互交往，提高其防范性和睦邻性。

(2)满足多元化的需求。

运用新理论、新技术、新材料、适应家庭结构的多元化、小型化、人口老龄化、住宅商品化、住区智能化及私人汽车进入家庭的转变，提供满足各阶层各经济水平住户需求的多类型住房，如别墅、花园住宅、多层跃层、小高层、高层、错层、宾馆式住宅。最大限度满足住户使用功能，在安全性、私密性、舒适性原则下，应广泛满足诸如单身、两口之家、三口之家、两代居、老年人居等多种户型结构；丰富建筑造型，使立面新颖，色彩搭配协调，细部装饰美观多样统一。

(3)突出生态质量，提高文化品位。

低容积率，高绿化率：设置大面积绿地(生态性)，分散组团绿地(可达性)；应当关心绿地率，并非绿化率。绿地率指小区绿地与组团绿地占小区总用地百分比，不包括宅前或公建绿地(此两项分别属于住宅用地或公建用地)；而绿化率指空地(也可包括平屋面)绿化百分比。增加文化设施、交流场所，尊重历史文脉，建设艺术学校、画廊、图书馆、电影院等，形成一种风格、一种个性、一种特色、一种品位。

1.1.5　城市道路与交通规划

本课程为城乡规划专业开设的专业核心课程。主要介绍城市道路交通设计的基本原理与实用方法。要求学生通过本课程的学习掌握城市道路的规范和标准、城市道路交通分析等城市道路设计的相关理论；并能够在掌握理论的基础上正确分析平面交叉口和立体交叉口的交通特性和设计方案；熟练进行道路横断面、平面曲线、纵断面曲线的综合设计；在掌握各类交叉口一般的设计原理和方法的基础上进行交叉口竖向设计。城市道路是城市的骨架，交通的发展能够带动经济、文化的发展，特别是现代交通的发展，将大大改变人们的时间和空间的观念，为城乡规划布局开拓了更为广阔的空间，当然也必定会带来新的城市问题。因此，研究解决城市交通问题成为城乡规划的首要任务之一。

城市道路是指在城市范围内具有一定技术条件和设施的道路。根据道路在城市道路系统中的地位、作用、交通功能以及对沿线建筑物的服务功能，我国目前将城市道路分为四类：快速路、主干路、次干路及支路。城市各重要活动中心之间要有便捷的道路连接，以缩短车辆的运行距离。城市的各次要部分也须有道路通达，以利居民活动。城市道路繁多又集中在城市的有限面积之内，纵横交错形成网状，出现了许多影响着相交道路的交通流畅的交叉路口，所以需要采取各种措施，如设置信号灯管制、渠化交通、立体交叉等以利交通流畅。城市交通工具种类繁多，速度快慢悬殊，为了避免互相阻碍干扰，要组织分道行驶，用隔离带、隔离墩、护栏或画线方法加以分隔。城市公共交通应为乘客上下须设置停车站台，还须设置停车场以备停驻车辆。要为行人横过交通繁忙的街道设置过街天桥或地道，以保障行人安全又避免干扰车辆交通；在交通不繁忙的街道上可画过街横道线，行人伺机沿横道线通过。

交通规划是以现状调查为基础，预测未来的人口、土地使用和经济发展状况而制定的有关交通的长远发展计划，包括规划的实施方案、进度安排和经费预算等。它是城市或区域总体规划中的一个组成部分。交通规划中的交通指的是以汽车为主要运输工具的交通。交通规划按时限分，有长期规划和短期规划两种。长期规划着重在贯彻新的交通政策、筹划新的交通系统和道路网、改变现有设施，期限一般为 15～20 年；短期规划着重在发挥现有设施的作用。交通规划按范围分，有城市交通规划和大区交通规划两种。

城市交通规划的步骤是：①规定目标和目的；②调查收集资料；③分析资料并推导数学模型；④作出预测；⑤编制各种规划方案；⑥检验和评估规划方案。交通调查的主要内容是：①通过划界分区，进行出行的起讫点调查。对市内交通通常采用家庭访问的方法，对过境交通则采用在路旁向旅客询问的方法，以取得关于出行目的、次数和性质的资料。②交通设施的调查。除了固定的道路设施，还要分别对公共交通和个体交通进行了解。③土地使用调查。除分区的使用性质，还包括人口的密度以及居民的社会经济条件等。取得基本的资料后，进行分析推导，建立各种数学模型，或选择已有的模型进行预测和规划。通常是把模型的组合结构划分成几个程序：①出行产生，其目的是确定出行产生和土地使用之间的关系，一般采用的方法有分区最小二乘方回归分析法和分类分析法两种。②出行分布，是确定各交通区之间的出行量。通常假定各交通区之间的出行次数和各起讫点同交通区的范围大小成正比，同空间上的隔阻程度成反比。确定出行分布的基本方法有增长系数法、重力模型或机会模型的综合法。③交通方式划分，指出行者采取的交通方式，如公共交通或以轿车、自行车等为工具的个体交通。④交通分配，经过上项程序后把各交通区的出行次数和方式分配到交通系统中的实际路线上。一般有四种方法：全分配法或无分配法，即单纯分配法；转换曲线分配法；交通容量限制分配法；多途径按比例分配法。经过检验，如果认为全部程序达到精确可靠的程度，那么，就可能根据预测结果制定出几种交通规划方案。对几种交通规划方案作出评价，编制实施计划，并根据实际情况加以修正。

1.1.6　村镇规划与设计

村镇规划与设计是城市规划专业本科学生的一门主要的普通专业选修课程。伴随着我国全面推进小康社会、加大力度解决"三农"问题、积极贯彻农业土地流转政策，以达到促进城乡经济社会协调发展的根本目的，村镇规划与建设发展领域的重要性日益提升，而村镇规划与设计这门课程的重要性也不言而喻。它涉及资源、环境、人口、经济、艺术等多学科知识，包括新农村规划与建设发展、村镇总体规划、镇区建设规划、村庄建设规划、旧村镇的改造更新及古镇、古村落的保护与开发等内容，是一门综合性、交叉性和实践性很强的专业课程。它主要有以下几方面的特点：

（1）课程内容综合性强。

村镇规划与设计作为一个城市发展与建设的蓝本，虽然在具体工作层面有条条块块的分工，但是在总体规划层面，是作为一个整体存在的。因此，村镇总体规划涵盖了村镇经济社会发展的内涵与外延，同时决定村镇在空间布局、经济发展、工程建设、文化传承等层面的发展方向，村镇规划课程的综合性也体现于此。

（2）相关学科知识交叉性强。

城市规划本身就是一门交叉学科，所涉及的相关学科和工程技术层面有很多，例如给水排水、电力电信、公共中心等；而就村镇规划与建设领域而言，其涉及的学科又具有独特性，例如村镇用地布局、村镇道路规划、农宅院落布置、公用设施规划、旧村镇规划、古村镇改造、村镇环境保护与村镇旅游资源开发等。

（3）课程内容实践性强。

村镇规划与设计课程内容在理论性层面具有综合性、交叉性的特点，在此基础之上，更要重视其实践性强的层面。该课程与具体的村镇规划与建设行为紧密相连，理论层面的教学内容本身就是规划建设实践工作的总结，源于实践，指导实践。

村镇规划与设计实验教学是《村镇规划与设计》课程理论教学的辅助部分，且与本课程的实践教学（课程实习）密切联系，是将课堂上所学理论知识应用于实际。试验教学的主要任务是使学生了解并掌握以下内容：

①了解村镇的基本概念和基本特点，了解村镇规划的任务和内容，掌握村镇规划的基本原则、任务和内容。

②了解乡镇规划的资料收集的内容、方法和途径，理解村镇规划的资料整理及其分析方法，掌握资料收集途径与方法、资料收集的表格形式。

③了解乡（镇）域规划的任务及内容，总体规划布局的影响因素及基本原则，理解村镇性质与规模的拟定，掌握总体规划布局的具体内容、方法步骤、成果要求。

④了解村镇道路交通的特点和道路，理解村镇道路系统的形式，掌握村镇道路系统规划的基本要求。

⑤了解村镇给水工程规划的内容、步骤与方法，掌握给水工程系统的组成及布置形式、给水管网的布置与水力计算的概况。

⑥了解村镇排水工程规划的内容，掌握各类污水量的计算方法，污水管道水力计算及步骤，雨水管渠的布置，设计流量的确定、设计。

⑦了解村镇供电规划的内容，理解电力负荷的计算的基本方法，掌握村镇电力电信工程规划的基本要求、内容和步骤。

⑧了解村镇消防规划的内容、消防站规划的内容，掌握村镇消防相关问题的规划要求。

⑨了解乡镇工业区规划的原则和要求，掌握乡镇公共中心布局、公共建筑配置和布置

的基本原则、乡镇工业区的规划。

⑩了解村镇居住区规划设计的基本任务和要求、居住建筑节能的基本要求、居住区道路规划布置的基本要求，掌握居住区规划布置的原则、居住建筑的规划布置的形式。

1.2　城乡规划与设计相关软件介绍

1.2.1　AutoCAD 软件

CAD(Computer-Aided Design)技术，是计算机技术的一个重要分支。在众多以 CAD 技术为支撑的软件平台中，由全球知名软件供应商 Autodesk 公司出品的 AutoCAD 脱颖而出，成为其中的佼佼者。AutoCAD 是一款用于二维及三维绘图的设计辅助软件，利用它，设计者可以创建、修改、浏览、管理、打印、输出及共享富含信息的设计图形，同时，AutoCAD 还具有完善的图形绘制功能；强大的图形编辑功能，可以采用多种图形进行二次开发或用户定制；具有多种图形格式的转换、较强的数据交换能力等多种功能。自 1982 年问世以来，经过多年的发展，AutoCAD 已成为目前全球应用最广的 CAD 软件。

AutoCAD 软件在我国城乡规划中的应用已有 20 多年的历史，该项技术的推广，极大地提高了规划设计工作的效率，丰富了设计意图的表达，而且能和相邻专业、工程的数字化设计、城乡规划的信息化管理、有关领域的定量化分析相互融合。一名城乡规划专业的学生，熟练掌握 AutoCAD 软件已成为必备技能。

AutoCAD 2009 是 Autodesk 公司于 2008 年 3 月推出的最新版本的绘图软件，它在继承以前版本的功能基础上，又新增了许多新的功能，如整合了开发功能、创新的用户界面、更快的运行速度等，能更为有效地帮助设计人员提高设计水平和工作效率。

本书针对城乡规划专业本科教学，以 AutoCAD 2009 为软件基本平台，结合规划设计业务量较大的住宅区规划设计、公共空间景观环境设计、道路设计、控制性详细规划设计、城市总体规划设计这 5 大板块，利用实例向学生传授规划设计的基本操作知识、技能和方法。要求学生能够牢固掌握 AutoCAD2009 的基本操作，能将其熟练地应用于城市总体规划、控制性详细规划、修建性详细规划、园林景观设计、道路交通设计等图件的绘制，并能够在 Photoshop、SketchUp 等软件中相互转换灵活应用。

1.2.2　Photoshop 软件

Photoshop 是 Adobe 公司的最杰出的图像处理软件之一。目前已经升级至 Photoshop CS5。与 Photoshop 前几个版本相比，Photoshop CS5 改进文件浏览器；匹配颜色命令；直方图调色板；阴影/加亮区修正；沿路径放置文本；支持数码相机的 raw 模式；全面支持 16 位图像；Layer Comps；输入 Flash 文件；自定义快捷键等功能。软件通过更直观的用户体验、更大的编辑自由度以及大幅提高的工作效率。

在城乡规划与设计中，Photoshop 主要是在 AutoCAD 绘制的规划线框的基础上进行二维或三维的渲染。根据规划设计的对象的不同，图像的渲染大致分为：①城市整体布局规划功能分区的渲染；②环境景观的设计渲染；③居住区户型渲染和建筑立面渲染。随着人们对环境质量的要求不断提高，城市设计更加注重与空间环境的设计，满足人们向往绿色世界、营造健康生态环境的要求。图像的渲染注重环境与城市与建筑的融洽，重在给人们展示一个生动的景观设计境界。

城乡规划专业学生学习 Photoshop 要求能够在平面线框图的基础上，运用丰富的建模素材为整个空间添加内容，准确把握彩色配制、明暗关系。总之，学生们要在掌握正确的绘制技法的基础上，认真研究城市和建筑本身进行研究，这样才能够使作品不至于脱离现实，从而更加真实地表达设计所要表达的意境。

1.2.3　GIS 软件

GIS 地理信息系统(Geographic Information System)，经过了 40 年的发展，到今天已经逐渐成为一门相当成熟的技术，并且得到了极广泛的应用。GIS 地理信息系统是以地理空间数据库为基础，在计算机软硬件的支持下，运用系统工程和信息科学的理论，科学管理和综合分析具有空间内涵的地理数据，以提供管理、决策等所需信息的技术系统。简单地说，地理信息系统就是综合处理和分析地理空间数据的一种技术系统。

地理信息系统作为存储、分析和管理空间数据的技术，十分适合城乡规划信息的管理和使用。利用 GIS 数据采集功能可以提高城乡规划信息获取的效率，方便地将多种数据源、多种类型的城乡规划信息输入数据库系统中；GIS 的信息查询功能可以迅速提供用户所需的各种城乡规划信息，包括空间信息、属性信息、统计信息等；数据库管理功能可自动管理海量的城乡规划数据，并进行城乡规划数据库创建、操作、维护等工作；利用 GIS 的统计制图功能可将大量抽象的城乡规划数据变成直观的城乡规划专题地图或统计地图，形象地展示出各种城市建设专题内容、城市建设数据空间分布与数量统计规律；利用 GIS 的专业模型应用功能可进行城乡规划预测评价、规划模拟和决策；利用 GIS 输出功能可支持多媒体演示及基于多种介质的城乡规划信息输出，还可用可视化方法生成各种风格的菜单对话框等。总之，GIS 的确是对具有明显空间特征的城乡规划信息进行高效分析利用和管理的有效工具，GIS 为城乡规划设计及管理工作提供了崭新的手段，是城乡规划学科发展顺应现代科学发展的总体趋势。

引入 GIS 系统，是城乡规划信息化建设的重要内容，能够极大提升规划局对外形象，同时也能提高规划的质量，为城市建设提供更科学的依据和数据支持，更加有利于促进当地的经济发展，有利于创建良好的投资环境。

1. 提高规划局管理效能

GIS 系统最显著的功能和特点就是将整个城市的地理信息数据如基础地形图、总体规划图、详细规划图、各类专项规划图、红线图等进行一体化管理，从而改变了原来手工管理分散管理资料的模式；规划局可以从建设项目的申报、"一书两证"的审批、批后公示、竣工验收等实现数字化，这样各个环节，各个部门之间运转更加通畅；同时 GIS 将与 OA 进行紧密的结合，采用工作流的方式，使工作透明，从而达到比较高的管理目标，提高规划局的管理效能。

2. 增强规划审批决策的科学性

GIS 规划管理信息系统，可以综合应用各种空间数据，对建设项目进行辅助审批，在结合各种空间分析工具大大增加审批的科学性和准确性。

地理信息系统的常用软件：包括国外的 ArcGIS（ArcGIS，MapObjects，ArcIMS、ArcSDE、ArcEngine、ArcServer 等）、MapInfo、PrideMap、SmallWorld、Grass 等。国内的 MapGIS（MapGISK9 基础平台、数据中心集成开发平台等）、SuperMap（SuperMap CIS 系列，包括多种大型 GIS 基础平台软件和多种应用平台软件，已荣获多项国家奖励，目前国内市场份额最大的国产 GIS 软件系列，是日本五大 GIS 平台中唯一的亚太品牌）等。下面介绍几种常用的 GIS 软件。

（1）ArcGIS 软件。

ArcGIS 软件是由美国环境系统研究所公司（简称 ESRI 公司）出品的一个地理信息系统系列软件的总称，ESRI 公司成立于 1969 年，总部设在美国加州 RedLands 市，是世界上最大的地理信息系统技术提供商。

多年来，ESRI 公司始终将 GIS 视为一门科学，并坚持运用独特的科学思维和方法，紧跟 IT 主流技术，开发出丰富而完整的产品线。公司致力于为全球各行业的用户提供先进的 GIS 技术和全面的 GIS 解决方案。ESRI 以其多层次、可扩展、功能强大、开放性强的 ArcGIS 解决方案等迅速成为提高政府部门和企业服务水平的重要工具。全球 200 多个国家超过百万用户单位正在使用 ESRI 公司的 GIS 技术，以提高他们组织和管理业务的能力。在美国 ESRI 被认为是紧随微软、Oracle 和 IBM 之后，美国联邦政府最大的软件供应商之一。ESRI 公司关注中国空间信息技术的发展已有二十多年的历史。

ESRI 于 1981 年发布了第一套商业 GIS 软件——ARC/INFO 软件。于 2010 年，ESRI 推出 ArcGIS 10。这是全球首款支持云架构的 GIS 平台，在 WEB2.0 时代实现了 GIS 由共享向协同的飞跃；同时 ArcGIS 10 具备了真正的 3D 建模、编辑和分析能力，并实现了由三维空间向四维时空的飞跃；真正的遥感与 GIS 一体化让 RS+GIS 价值凸显。目前，ESRI 公司的 ArcGIS 系列软件已成为中国用户群体最大，应用领域最广的 GIS 技术平台。

ArcGIS 软件主要由下列产品来构成的。下面简单介绍几种 ArcGIS 软件的作用。

①桌面 GIS（ArcGIS Desktop）。ArcGIS 桌面系统是为 GIS 专业人士提供的信息制作和使用的工具。ArcGIS 桌面产品（ArcGIS Desktop）是一系列整合的应用程序的总称，主要包括 ArcReader、ArcView、ArcEditor、ArcInfo ArcCatalog，ArcMap，ArcGlobe，ArcToolbox 和 ModelBuilder。通过协调一致地调用和应用界面，你可以实现任何从简单到复杂的 GIS 任务，包括制图，地理分析，数据编辑，数据管理，可视化和空间处理。

②服务 GIS 器产品。服务器 GIS 用于多种类型的集中式的 GIS 计算。基于服务器的 GIS 技术目前正快速发展、日趋成熟。服务器 GIS 的种类：ArcGIS 提供了三种服务器软件：ArcSDE，ArcIMS 和 ArcGISServer。

③嵌入式 GIS 产品。在许多情况下，用户不仅需要通过高端的专业 GIS 桌面或连接到互联网服务器的浏览器访问 GIS，还需要通过介于两者之间的一种中间方式访问 GIS，如辅助式应用、面向 GIS 的应用和移动设备等。典型的中间 GIS 应用方式是通过定制应用访问 GIS 功能，这种应用介于简单的 Web 浏览器和高端 GIS 桌面之间。

④移动 ArcGIS 产品。通过将 GIS 带到野外以及与周围世界直接交互的能力，移动计算正发生着根本性的改变。移动 GIS 包括一系列技术的综合：移动硬件设备包括轻便设备

和野外个人电脑和全球定位系统(GPS)。

(2)Mapinfo 软件。

Mapinfo 是美国 Mapinfo 公司开发的标准的桌面地图信息系统,是一种数据可视化、信息地图化的桌面解决方案。它依据地图及其应用的概念、采用办公自动化的操作、集成多种数据库数据、融合计算机地图方法、使用地理数据库技术、加入了地理信息系统分析功能,形成了极具实用价值的、可以为各行各业所用的大众化小型的在城乡规划中有较高的应用价值。MapInfo 是功能强大、操作简便的桌面地图信息系统,它具有图形的输入与编辑、图形的查询与显示、数据库操作、空间分析和图形的输出等基本操作。系统采用菜单驱动图形用户界面的方式,为用户提供了 5 种工具条(主工具条、绘图工具条、常用工具条、ODBC 工具条和 MapBasic 工具条)。用户通过菜单条上的命令或工具条上的按钮进入到对话状态。系统提供的查看表窗口为:地图窗口、浏览窗口、统计窗口及帮助输出设计的布局窗口,并可将输出结果方便地输出到打印机或绘图仪。

该软件采用双数据库存储模式,即其空间数据与属性数据是分开来存储的。属性数据存储在关系数据库的若干属性表中,而空间数据则以 MapInfo 的自定义格式保存于若干文件之中,两者之间通过一定的索引机制联系起来。空间图形数据的组织,MapInfo 采用层次结构实现,根据不同的专题将地图分层(图层还可以分割成若干图幅),每个图层存储为若干个基本文件。Mapinfo 完全支持从数据的采集到图形、表格的输出以及查询统计、图文一体化直观效果等功能的实现。

(3)MapGIS 软件。

MapGIS 软件是中国地质大学(武汉)信息工程学院开发的工具型地理信息系统软件,它是一个集当代最先进的图形、图像、地质、地理、遥感、测绘、人工智能和计算机科学等于一体的高效全汉字大型智能软件系统,是集地图输入数据库管理及空间数据分析为一体的空间信息系统,为管理与决策提供现代化的工具,在制作规划图方面同样发挥出巨大的作用。该系统包括"输入"、"图形编辑"、"输出"、"空间分析"、"库管理"和"实用服务"等 6 大模块,共计 16 个子系统,具有操作简单,功能强大,界面友好等特点。目前,该系统已经被国土资源部审定为土地管理行业推荐使用的信息系统,并在地质勘察、环境保护、土地管理、城市建设与规划和地下管网设计等工作中得到广泛应用。

1.2.4　湘源规划系列软件

湘源规划软件是一套基于 AutoCAD 平台上的二次开发的规划系列软件,从 2003 年开发至今,湘源规划系列软件逐渐升级,内容也越来越丰富。现已有的湘源规划系列软件有"湘源控制性详细规划 CAD 系统"、"湘源修建性详细规划 CAD 系统"、"湘源村庄规划 CAD 系统"、"湘源电子一张图系统"、"多媒体信息查图系统"、"长沙市基础地理信息系统"等,这些软件给我们规划设计者的工作带来了极大的方便,提高了规划设计者的工作效率,是一款非常受欢迎的规划设计软件。

本书介绍与城乡规划专业密切相关的软件:"湘源控制性详细规划 CAD 系统"、"湘源修建性详细规划 CAD 系统"、"湘源村庄规划 CAD 系统",其中,"湘源修建性详细规划 CAD 系统"和"湘源村庄规划 CAD 系统"属于自学软件,这些也是规划设计者在工作

（如控制性详细规划、修建性详细规划、居住区规划与设计等项目）中经常要用到的，学习好、掌握好这些软件，对于城乡规划专业的学生来讲是意义重大的。

下面分别简要介绍"湘源控制性详细规划 CAD 系统"、"湘源修建性详细规划 CAD 系统"、"湘源村庄规划 CAD 系统"等这三个软件的大致情况。

1. "湘源控制性详细规划 CAD 系统"

本软件是一套基于 AutoCAD 平台开发的城乡规划设计、总平面规划设计、园林绿化设计及土方计算的软件。它以 ACAD 2002/2004/2005/2006/2008 为图形支撑平台，全面支持 Windows 9x/me/NT/2000/XP 操作系统，所有代码都用 VC++6.0 和 ObjectArx2002 编写。

主要功能模块有：绘制地形图、绘制道路图、绘制用地规划图、绘制控制指标图、绘制总平面图、绘制园林绿化图、绘制管线综合图、绘制土方计算、三维渲染、竖向设计、数据库信息查询、制作图则、图库管理、尺寸文字标注、图像处理、表格制作和工具集等。

软件的大部分功能都贯穿了"自动"的思想，例如，自动生成道路、自动交叉口圆角处理、自动标坐标、自动标注路宽、自动生成横断面图、自动生成控制指标图等。通过自动生成的功能，极大地提高了设计绘图效率，把设计人员从制图中解脱出来。

本软件不仅是规划设计单位编制规划设计成果的标准制图软件，同时也是规划管理单位对规划设计成果进行审核、管理的重要工具，对规划成果的归档等也带来很大方便。总之，本软件把规划设计单位的制图和规划管理单位的管理紧密结合了起来。

2. "湘源修建性详细规划 CAD 系统"

本软件是一套基于 AutoCAD 平台开发的城市修建性详细规划软件，可用于修建性规划设计、修建性总平面设计、建筑总平面设计及园林绿化设计等，包括市政管网设计、日照分析、土方计算、现状地形分析等功能。它以 AutoCAD2008（32）为图形支撑平台，全部程序代码使用 VC 2005 和 ObjectArx 2008（32）编写，支持 Windows 2000/XP/vista 等操作系统。

本软件包括地形、道路、建筑、绿化、环境、管网、日照分析、土方计算等 8 大功能模块。本软件的大部分功能都贯穿了"自动"的思想，例如，用户只需绘制平面，立面及三维效果图由软件自动生成；用户只需绘制黑白总平面图，软件自动生成彩色效果总平面图、三维立体效果总图等；本软件能自动统计总建筑面积、总建筑基底面积、总绿地面积、总铺地面积、总造价、总户数、停车场个数、树种个数等，能自动计算容积率、建筑密度、绿地率等指标。

3. "湘源村庄规划 CAD 系统"

"湘源村庄规划 CAD 系统"是一套基于 AutoCAD 平台开发的村庄规划设计软件。主要用于村庄规划设计中快速生成土地利用规划图、产业发展规划图、公用工程设施规划图、典型村居布置模式图、居民点详细规划总平面图等图纸。

湘源村庄规划 CAD 以 ACAD 2002/2004/2005 为图形支撑平台，全面支持 Windows 9x/me/NT/2000/XP 操作系统，该软件的主要功能模块有村庄现状、道路、竖向、用地、管线、建筑、绿地、图库、工具等 9 个功能模块。

1.2.5　飞时达（Fast）软件

杭州飞时达软件有限公司（简称"飞时达"）位于环境优美的西溪国家湿地公园旁，是经国家认定的高新技术企业与软件信息企业。飞时达公司成立十多年以来，专注于城乡规划建设与工程勘察设计领域的信息化，形成了以城乡规划业务为主导，工程设计与设计院管理为后盾的三大类软件业务组合，推出了一系列成熟的软件产品与完整的行业应用信息化解决方案，其中规划总图设计软件获得国家创新基金的支持，公司客户对象主要包括城乡规划建设局、城乡规划设计院、工业建筑设计院等，全国有几十个城市使用飞时达规划管理系统，几千家设计单位使用飞时达设计软件。公司拥有一支高素质、稳定的软件研发与技术服务队伍，具有丰富的行业应用知识、领先的开发技术与丰富的项目经验，公司是美国 Autodesk 公司的长期合作伙伴；是中国城乡规划协会、中国城市科学研究会常务会员单位；公司与全国众多省市的建设厅规划局保持长期稳定的合作关系，共同推动计算机技术在政府办公以及企业信息化方面的应用，飞时达立志成为规划行业的信息专家。

下面主要介绍几种飞时达的城乡规划行业软件。

1."土方计算软件 FastTFT"

本软件是一款基于 AutoCAD 平台开发的专业土方计算绘图软件，针对各种复杂地形情况以及场地实际要求，提供了方格网法、三角网法、断面法、道路断面法、田块法、整体估算法 6 种土石方量计算方法，对于土方挖填量的结果可进行分区域调配优化，解决就地土方平衡要求。

本软件根据原始地形图上的高程点、等高线或特征线自动采集原始标高；根据场地要求自动优化计算出场地设计标高、还可以参数化输入确定场地设计标高、快速自动出工程量表；软件根据运距乘以运量最小、土方施工费用最低的原则自动确定土方调配方案，根据高程数据自动生成场地三维模型以及场地断面图。

本软件广泛应用于各类工业设计院总图设计、规划测绘设计院竖向设计、公路及城市道路设计、水利设计部门的河道堤坝设计、港口设计部门的港口航道开挖设计、园林设计中的山地设计、农业工程中的农田规整改造、工民建基坑开挖土方计算及相关施工单位。

2."日照分析软件 FastSUN"

日照分析软件 FastSUN 完全依照国家有关法规、规范，面向客户需求开发而成，提供了日照建模、单点分析、多点分析、窗户分析、阴影分析、等时线分析、三维分析以及生成日照分析报告等多种功能，全面解决了各种日照分析问题。软件通过"国家质量监督检验中心"实测鉴定和建设部科技成果评估，计算科学准确，使用简单方便，是规划管理、规划设计、建筑设计、房地产开发等领域强有力的日照分析工具。

3."建筑单体面积复核计算软件 FastBP"

建筑单体面积复核计算软件 FastBP 作为一个建筑单体面积计算辅助工具，利用它可以高效准确地完成各类建筑面积统计。例如，坡屋顶楼层面积、标准层面积、住宅面积、公建面积、地上面积、地下面积、计容积率面积和不容积率面积等。

本软件运行于 AutoCAD 平台上，在尽可能不改变用户操作习惯（勾绘轮廓图）的基础上，通过设置审核图层，按幢、楼层、单元勾绘建筑面积计算轮廓，再把各轮廓指定到相应楼层单元上，软件即可自动计算出各类建筑面积，生成汇总统计表。软件提供的交叠检测、有效性检测、重复和遗漏计算检测功能确保了数据的准确性。

1.2.6　天正建筑软件

天正公司是 1994 年成立的高新技术企业。十多年来，天正公司一直为建筑设计者提供实用高效的设计工具为理念，应用先进的计算机技术，研发了以天正建筑为龙头的包括暖通、给排水、电气、结构、日照、市政道路、市政管线、节能、造价等专业的建筑CAD 系列软件。如今，用户遍及全国的天正软件已成为建筑设计实际的绘图标准，为我国建筑设计行业计算机应用水平的提高以及设计生产率的提高做出了卓越的贡献。

天正建筑 CAD 软件，在绘制建筑平面图过程中提供了很多快捷的功能模块和工具集，使得我们的建筑设计者的工作效率有了极大的提高。

天正建筑 T-Arch 是在 AutoCAD 的基础上开发的功能强大且易学易用的建筑设计软件。天正建筑 T-Arch 是一款面向施工图设计的二维和三维一体化的建筑设计软件。天正建筑T-Arch 是拥有工具集和专业对象的两种建筑设计表达方式。当前最新的天正建筑 T-Arch是基于专业建筑对象为开发，直接绘制出具有专业含义、可反复修改的图形对象，使设计效率大为提高。

1.2.7　SketchUp 草图软件

SketchUp 草图软件是一款当前非常流行的应用于建筑领域的全新三维草图设计的软件，@ Last Software 公司是 SketchUp 的创始公司，但是已于 2006 年 3 月被 Google 公司收购了，我们目前大部分使用的是 Google 公司提供的 SketchUp 软件。

SketchUp 草图软件是一套直接面向设计方案创作过程的设计工具，其创作过程不仅能够充分表达设计师的思想，而且完全满足与客户即时交流的需要，它使得设计师可以直接在电脑上进行十分直观的构思，是三维建筑设计方案创作的优秀工具。

SketchUp 草图软件不仅具有如下特点：独特简洁的工作界面，可以让设计师短期内掌握；适用范围广阔，可以应用在建筑、规划、园林、景观、室内以及工业设计等多种领域。而且 SketchUp 草图软件在方案设计过程中能给设计者带来极大的便捷，例如，方便的推拉功能，设计师通过一个图形就可以方便地生成 3D 几何体，无需进行复杂的三维建模；快速生成任何位置的剖面，使设计者清楚地了解建筑的内部结构，可以随意生成二维剖面图并快速导入 AutoCAD 进行处理；与 AutoCAD、Revit、3DMAX、PIRANESI 等软件结合使用，快速导入和导出 DWG、DXF、JPG、3DS 格式文件，实现方案构思，效果图与施工图绘制的完美结合，同时提供与 AutoCAD 和 ARCHICAD 等设计工具的插件；自带大量门、窗、柱、家具等组件库和建筑肌理边线需要的材质库；具有草稿、线稿、透视、渲染等不同显示模式等。

1.2.8　CorelDraw 软件

CorelDraw Graphics Suite 是一款由世界顶尖软件公司之一的加拿大的 Corel 公司于1989 年开发的一款图形图像软件，是一款当前流行的平面设计软件。1998 年 Corel 公司虽然对首次在中国推出的官方中文版本 8.0 进行了大力的推广，但因为当时中国市场不完善，严重的盗版风气导致 Corel 公司放弃了 9.0 的中文版的开发工作。2006 年 Corel 公司重返中国时推出了官方中文版 x3，但没能解决与之前汉化版的兼容问题，现在从官方中文版 x4 开始，已基本解决了与汉化版 9.0 的兼容问题。至 2010 年 CorelDraw 发布了最新版本 x5，最新版拥有 50 多项全新及增强功能。

CorelDraw 软件是 Corel 公司出品的矢量图形制作工具软件，这个图形工具给设计师提供了矢量动画、页面设计、网站制作、位图编辑和网页动画等多种功能。非凡的设计能力使其广泛地应用于商标设计、标志制作、模型绘制、插图描画、排版及分色输出等诸多领域。

CorelDraw 软件主要包含了两个绘图应用程序：一个用于矢量图及页面设计，另一个用于图像编辑。这套绘图软件组合带给用户强大的交互式工具，使用户可创作出多种富于动感的特殊效果及点阵图像即时效果，并且在简单的操作中就可得到实现——而不会丢失当前的工作。通过 CorelDraw 的全方位的设计及网页功能可以融合到用户现有的设计方案中，灵活性十足。

该软件套装更为专业设计师及绘图爱好者提供简报、彩页、手册、产品包装、标识、网页及其他；该软件提供的智慧型绘图工具以及新的动态向导可以充分降低用户的操控难度，允许用户更加容易精确地创建物体的尺寸和位置，减少点击步骤，节省设计时间。

CorelDraw Graphics Suite 的支持应用程序，除了 CorelDraw（矢量与版式）、Corel PHOTO-PAINT（图像与美工）两个主程序之外，CorelDraw Graphics Suite 还包含以下极具价值的应用程序和整合式服务：Corel PowerTRACE 强大的位图转向量图程序；Corel CAPTURE：单键操作的抓取工具程序，抓取高质量的专业计算机画面影像和其他内容。

1.3　城乡规划与设计实验教学要求

1.3.1　总体要求

通过对城乡规划与设计的主要课程理论知识与软件的学习，了解和掌握主要课程的主要内容，以期通过城乡规划与设计的实验教学来加深学生对专业主要课程的内容的理解与提高学生在实际规划项目中应用操作能力。

1.3.2　具体要求

1. AutoCAD

本书针对城乡规划专业本科教学，以 AutoCAD 2009 为软件基本平台，结合规划设计业务量较大的住宅区规划设计、公共空间景观环境设计、道路设计、控制性详细规划设计、城市总体规划设计这 5 大板块，利用实例，学生传授规划设计的基本操作知识、技能和方法。要求学生能够牢固掌握 AutoCAD 2009 的基本操作，能将其熟练地应用于城市总体规划、控制性详细规划、修建性详细规划、园林景观设计、道路交通设计等图件的绘制，并能够在 Photoshop、SketchUp 等软件中相互转换灵活应用。

2. Photoshop

城乡规划专业学生学习 Photoshop CS 要求能够在平面线框图的基础上，运用丰富的建模素材为整个空间添加内容，准确把握彩色配制、明暗关系。总之，学生们要在掌握正确的绘制技法的基础上，对城市和建筑本身进行认真研究，才能够使作品不至于脱离现实，从而更加真实的表达设计所要表达的意境。

3. ArcGIS

对于城乡规划专业本科的学生而言，学习地理信息系统是科学规划的前提和基础，是拓展专业能力的必修课程。通过 GIS 课程的理论学习和实践操作，学生掌握在城乡规划实践中涉及的有关空间数据与空间信息的基本概念，及 GIS 在城乡规划辅助设计中的基本技术；利用 GIS 技术进行规划设计前期分析和后期辅助决策的相关技术方法，并能够结合具体的课程内容将 GIS 技术直接运用到实际项目中。

4. T-Arch

本书结合城乡规划专业的教学，介绍天正建筑 T-Arch 的一些基本的常用功能与应用领域，通过一些具体的规划设计项目实践，让学生切实掌握天正建筑 T-Arch 的基本功能与使用，使学生能达到按要求绘制出各种建筑的平面图、立面图、三维效果图等教学目的，为未来工作中的建筑设计提供基础。

5. SketchUp

本书针对城乡规划专业的实践教学，介绍 SketchUp 草图软件的一些基本功能与应用，通过一些实例，使学生掌握 SketchUp 草图软件的一些基本功能与应用，能快速使用 SketchUp 软件进行空间模拟，方案辅助构思，并能进行精细模型绘制、渲染，为后续的城乡规划设计实践与工作提供基础。

【主要参考文献】

[1] 赵和生著. 城市规划与城市发展[M]. 南京：东南大学出版社，2011.

[2] 于灏. 控制性详细规划编制思路的探索[D]. 北京：清华大学，2007.

[3] 周俭编著. 城市住宅区规划原理[M]. 上海：同济大学出版社，1999.

[4] 石京. 城市道路交通规划设计与运用[M]. 北京：人民交通出版社，2006.

[5] 李德华主编. 城市规划原理[M]. 北京：中国建筑工业出版社，2001.

[6] 金兆森，张晖. 村镇规划[M]. 南京：东南大学出版社，2005：75-90.

[7] 柳玲，艾及熙. GIS 技术在城市规划领域的应用及发展[J]. 重庆建筑大学学报（社科版），2001(02)：76-80.

[8] 丁光明. CAD 技术在城市规划设计和规划管理中应用初探[J]. 当代建设，1998(06)：34-35.

[9] 何杰，陶清玉. AutoCAD，3DMax 和 Photoshop 基本教学软件在城镇规划中的应用[J]. 成都理工学院学报. 2000(S1)：277-281.

[10] 李进才. 城市规划设计的分析与实现[D]. 山东大学，2011.

第2章 城市总体规划实验

城市总体规划是对某一城市在一定时期内城市性质、发展目标、发展规模、土地利用、空间布局以及各项建设的综合部署和实施措施，是未来城市发展与建设的总纲领。在城市总体规划的编制过程中，城市性质的确定与规模预测等问题是很重要的，我们必须重视对这些问题的调查研究，通过学习来了解与掌握城市总体规划过程中需要注意的一些重要问题的解决方法。

城市总体规划实验是城市规划专业的主要实践内容和课程，也是城市规划理论联系城市规划实践的重要教学环节。城市总体规划课程为专业特色课程，本课程的目的为：通过此课程的实践和教学，培养学生认识、分析、研究城市问题的能力，掌握协调和综合处理城市问题的规划方法，并且学会以物质形态规划为核心的具体操作城市总体规划编制过程的能力，基本具备城市总体规划工作阶段所需的调查分析能力、综合规划能力、综合表达能力。

2.1 实 验 目 的

1. 掌握城市性质预测的主要方法

了解和掌握 SPSS、Excel 软件的基本操作以及这两种软件在城市规划具体实践中的应用，通过 SPSS、Excel 软件对城市相关经济社会数据的分析，来预测城市性质，以及掌握有关软件操作步骤。

2. 掌握城市总体规划调查分析与"两个规模"的主要内容

通过具体的城市总体规划的实践案例，让学生了解和掌握城市总体规划资料收集的内容与方法，规划实地调研的主要内容，熟悉和掌握城市总体规划调查与分析的主要内容，掌握城市总体规划"两个规模"的内容等。

2.2 实 验 方 法

1. 实验准备

Word、Excel、AutoCAD、Photoshop、SPSS 等软件。

2. 实验方法

数据统计与分析、资料收集、案例分析等。

2.3 实 验 案 例

2.3.1 实验一 城市主导产业确定

通过分析城市各行业的经济数据，来确定城市的主导产业，以此分析预测未来城市性质是城市总体规划编制过程中一项重要的工作。表 2-1 是北京市 2003—2005 年各行业生产总值，试分析确定北京市的现有经济职能。

表 2-1　　　　北京市 2003—2005 年各行业生产值（单位：亿元）

行 业 类 型	2005 年	2004 年	2003 年
工 业	1707.0	1554.7	1032.03
建筑业	319.5	298.9	279.83
交通运输、仓储和邮政业	404.7	356.8	132.99
信息传输、计算机服务和软件业	583.2	449.7	285.44
批发和零售业	654.1	587.7	248.86
住宿和餐饮业	182.8	163.3	69.73
金融业	836.6	713.8	537.32
房地产业	455.3	436.1	190.55
租赁和商务服务业	346.8	276.6	126.45
科学研究、技术服务和地质勘察业	341.8	276.5	200.11
水利、环境和公共设施管理业	40.1	34.6	24.72
居民服务和其他服务业	84.5	79.6	38.45
教 育	315.2	286.3	151.89
卫生、社会保障和社会福利业	116.2	105.9	58.79
文化、体育和娱乐业	171.3	142.7	91.12
公共管理和社会组织	229.2	201.6	96.52
人均地区生产总值(元)	45444	41099	32061

操作步骤：

数据输入可分为手工输入和自动输入，这里介绍自动输入：①打开 SPSS for Windows

软件，点击 file 打开下拉菜单，选择 Open→Date（见图 2-1）；②选择文件类型下列表中 Excel 栏，打开相关表格（见图 2-2）。

1. 数据输入

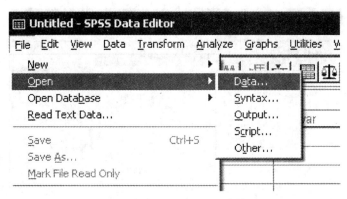

图 2-1　打开现有 Excel 表格

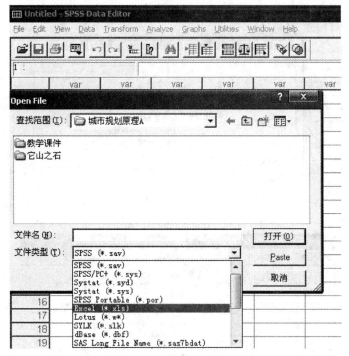

图 2-2　选择 Excel 文件类型

2. 数据处理

①选择 Analyze→Descriptive Statistics→Descriptives…，进行数据标准化处理（主成分分析已经进行了标准化处理，这里做标准化处理是为了在进行文本表述时之用，见图 2-3）；②将需要标准化处理的数据选择入 Variables…，同时在是否数据储存中打√，处理后标准

化结果在表栏中以 Z 开头(见图 2-4、图 2-5);③选择 Analyze→Date Reduction→Factor,进行主成分分析,在 factor analysis 中进行设置(见图 2-6、图 2-7);④在 Descriptives...中进行设置(见图 2-8),进行 Scores 设置(见图 2-9)进行 rotation 设置(见图 2-10),点击 OK。

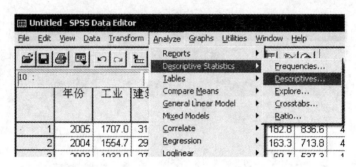

图 2-3 选择标准化处理

图 2-4 设置标准化处理

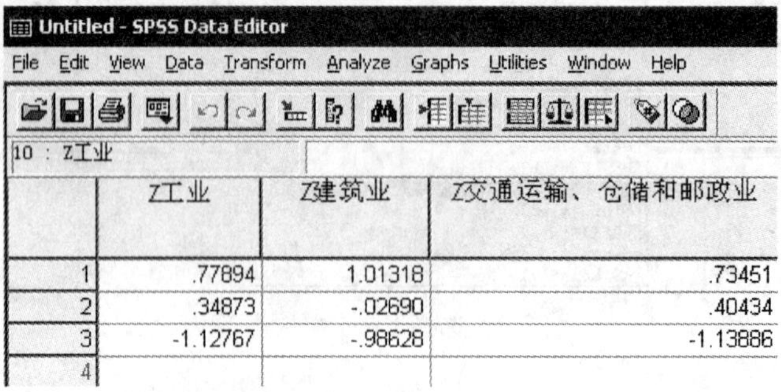

图 2-5 标准化结果

3. 数据分析

①在 Output 中,在 Correlation Matrix(相关矩阵)栏中,可分析各产业的关联性(见图

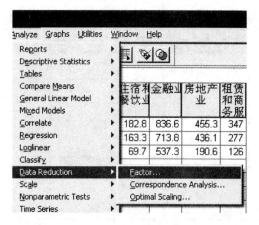

图 2-6 选择 Factor

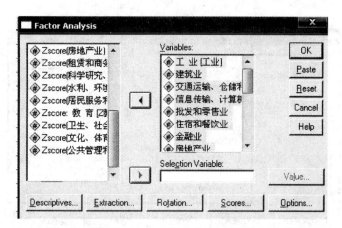

图 2-7 打开 Factor Analysis 设置框

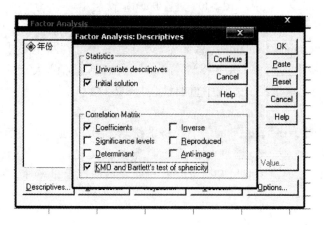

图 2-8 进行 Descriptives…设置

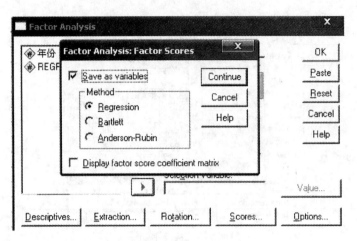

图 2-9 进行 Scores 设置

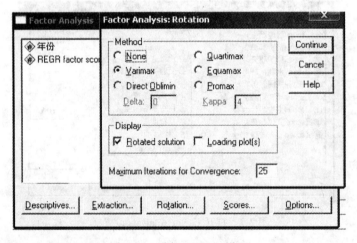

图 2-10 进行 Rotation 设置

2-11）；②在 Total Variance Explained（总变异分析）栏中，可判断主要成分分析水平（见图 2-12），Cumulative（累计贡献率）大于 85%，Total（所有特征值）大于 1；③在 Component Matrix 栏中分析对于北京市经济发展中重要性（见图 2-13）。

4. 分析结论

结合图 2-11 和图 2-13 可知，北京市经济的综合性比较强，其中工业、交通运输业、批发零售业、住宿餐饮业、公建事业、商务服务业、文化体育、公共管理和社会组织（0.995 为下限）影响显著，由此可知，北京在现状经济职能上是工业、商业、文教、公共管理业为主。

		工业	建筑业	交通运输、仓储和邮政业	信息传输、计算机服务
Correlation	工业	1.000	.946	.999	.97
	建筑业	.946	1.000	.928	.99
	交通运输、仓储和邮政业	.999	.928	1.000	.95
	信息传输、计算机服务	.970	.997	.956	1.00
	批发和零售业	.998	.924	1.000	.95
	住宿和餐饮业	.999	.927	1.000	.95
	金融业	.979	.992	.968	.99
	房地产业	.989	.886	.995	.92
	租赁和商务服务业	.995	.974	.989	.98
	科学研究、技术服务和地质勘察业	.966	.998	.951	1.00
	水利、环境和公共设施管理业	.989	.983	.981	.99
	居民服务和其他服务业	.993	.900	.998	.93
	教育	.999	.928	1.000	.95
	卫生、社会保障和社会福利业	.999	.929	1.000	.95
	文化、体育和娱乐业	.990	.982	.981	.99
	公共管理和社会组织	1.000	.940	.999	.96

a. This matrix is not positive definite.

图 2-11　Correlation Matrix 结果

Total Variance Explained

Component	Initial Eigenvalues			Extraction Sums of Squared Loadings		
	Total	% of Variance	Cumulative %	Total	% of Variance	Cumulative %
1	15.668	97.923	97.923	15.668	97.923	97.923
2	.332	2.077	100.000			
3	.000	.000	100.000			
4	.000	.000	100.000			
5	.000	.000	100.000			
6	.000	.000	100.000			
7	.000	.000	100.000			
8	.000	.000	100.000			
9	.000	.000	100.000			
10	.000	.000	100.000			
11	.000	.000	100.000			
12	.000	.000	100.000			
13	.000	.000	100.000			
14	.000	.000	100.000			
15	.000	.000	100.000			
16	.000	.000	100.000			

Extraction Method: Principal Component Analysis.

图 2-12　Total Variance Explained 结果

Component Matrix[a]

	Component
	1
工业	.999
建筑业	.962
交通运输、仓储和邮政业	.995
信息传输、计算机服务	.981
批发和零售业	.993
住宿和餐饮业	.994
金融业	.989
房地产业	.979
租赁和商务服务业	.999
科学研究、技术服务和地质勘察业	.978
水利、环境和公共设施管理业	.996
居民服务和其他服务业	.985
教育	.995
卫生、社会保障和社会福利业	.995
文化、体育和娱乐业	.996
公共管理和社会组织	.997

Extraction Method: Principal Component Analysis.

a. 1 Components Extracted.

图 2-13　Component Matrix 结果

2.3.2　实验二　城市总体规划调查与分析

2.3.2.1　城市总体规划调查

1. 调查内容

基础资料调查是城市总体规划调查的核心内容。此外，根据调查对象分为城市区域环境、历史环境、自然环境、社会环境（主要是人口）、经济环境、土地使用等内容。这里重点介绍人口与土地的调查。

（1）人口调查。

人口调查的主要目的是要摸清城镇现状人口规模。城镇人口包括三部分（见图 2-14）：

$$城镇人口\begin{cases}①常住人口\\②暂住人口（居住半年以上的外来人口）\\③流动人口（暂不计入城镇人口规模）\end{cases}$$

图 2-14

前两项构成城镇人口规模。常住人口构成如图 2-15 所示。

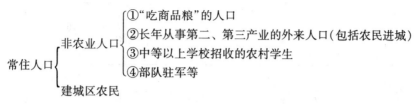

图 2-15

我们统计现状用地平衡表的人口是指常住人口和暂住人口构成的城镇人口。

县(市)城总人口可以直接从统计年鉴中调查得到,城镇人口除查统计年鉴外还要到公安局(派出所),教育局(各类学校)以及建成区内各乡、村调查才能得到数据。

现状人口调查直接为城市人口规模的制定和城市化水平预测服务。

(2)用地调查

首先要熟悉城市用地分类(见《城市用地分类与规划建设用地标准》GB 50137—2011),第二要掌握城市用地计算原则,然后进行用地平衡。

在城市用地计算中,要注意以下几个原则:

①根据《城乡规划法》的规定,各市在编制总体规划时必须规定城市规划区的范围,划定的原则应是有利于城市的合理发展和城市管理。新标准规定城市现状用地和规划用地均以城市规划区为统计范围。

②分片布局的城市,是由几片组成的,且相互间隔较远,这种城市的用地计算,应分片划定城市规划区,进行分别计算,再统一汇总,如图 2-16 所示。

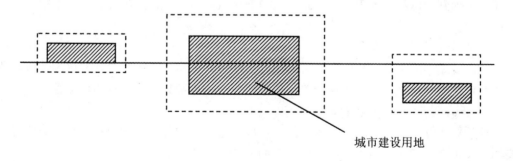

图 2-16

某些城市虽也由几片组成,但相互间隔较近,可以作为一个城市规划区计算。如图 2-17 所示。

③市带县的城市,在县域范围内的各种城镇用地,包括县城建制镇,工矿区、卫星城等,一般不汇入中心城市用地之内,但若在县城范围内存在城市的重要组成部分或有重要影响的用地,如水源地、机场等,可以按上条的原则汇入计算。

④现状用地按实际占用范围计算,而不是按拨地范围、设计范围,所有权范围等计

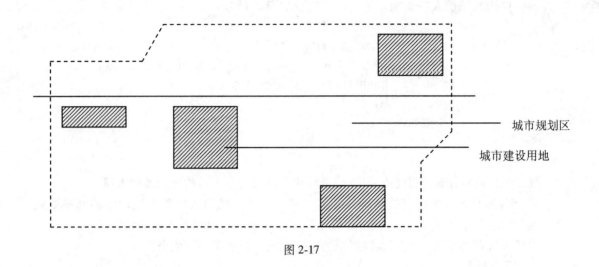

图 2-17

算，规划用地按规划确定的范围计算，每块用地只能按其主要使用性质计算一次，不得重复。

⑤城市规划的用地面积一般按照平面图进行量算，山脉、丘陵、斜坡等均以平面投影面积，而不以表面面积计算。

⑥总体规划用地计算的图纸比例尺不应小于一万分之一，分区规划用地计算的图纸比例尺不应小于五千分之一，在计算用地时现状用地和规划用地应采用同一比例尺，以保证同一的精度。

⑦城市用地的计算，统一采用"hm²"为单位，考虑到实际能够量算的精度，一万分之一图纸精确到个位数；五千分之一图纸精确到小数点后一位，二千分之一图纸精确到小数点后两位。

2. 调查方法

城市规划中的调查涉及面广，可运用的方法也多种多样，各类调查方法的选取与所调查的对象及规划研究的要求直接相关，各种调查方法也都具有其各自的局限性。

(1)现场踏勘调查或观察调查。

这是城市规划调查中最基本的手段，可以描述城市中各类活动与状态的实际状况。主要用于城市土地使用、城市空间使用等方面的调查，也用于交通量调查等。

(2)抽样调查或问卷调查。

在城市规划的不同阶段针对不同的规划问题以问卷的方式对居民进行抽样调查。这类调查可涉及许多方面，若针对于单位，可以包括对单位的生产情况、运输情况、基础设施配套情况的评价，也可包括居民对其行为的评价等；若针对于居民、则可包括居民对其居住地区环境的综合评价、改建的意愿、居民迁居的意愿、对城市设计的评价、对公众参与的建议等。

(3)访谈和座谈会调查。

性质上与抽样调查相类似，但访谈和座谈会则是调查者与被调查者面对面的交流。在规划中这类调查主要运用在这样几种状况：一是针对无文字记载也难有记载的民俗民风、历史文化等方面的对历史状况的描述；二是针对尚未文字化或对一些愿望与调查的调查，如对城市中各部门、城市政府的领导以及广大市民对未来发展的设想与愿望等；三是在城市空间使用的行为研究中心的情景访谈。

（4）文献资料的运用。

通过文献资料的运用，可以掌握与城市发展相关的信息。在城市所涉及的文献主要包括：历年的统计年鉴、各类普查资料（如人口普查、工业普查、房屋普查）志或县志以及专项的志书（如城市规划志、城市建设志等等）、历次的城市规划或规划所涉及的层次规划、政府的相关文件与大众传播媒体，已有的相关研究成果等。

2.3.2.2　城市规划分析

城市规划常用的分析方法有三类，分别是定性分析、定量分析、空间模型分析。

1. 定性分析

城市规划常用的定性分析方法有两类，分别是因果分析法和比较法。常用于城市规划中复杂问题的判断。

城市规划分析中牵涉的因素繁多，为了全面考虑问题，提出解决问题的办法，往往先尽可能多排列出相关因素，发现主要因素，找出因果关系。例如在确定城市性质时城市特点的分析，确定城市发展方向时城市功能与自然地理环境的分析等等。

2. 定量分析——以层次分析法和模糊评价法为例

（1）层次分析法。

层次分析法由美国运筹学家 T. L. Saaty 教授于 20 世纪 70 年代初提出，它是一个解决大系统中的多层次、多目标规划决策问题的有效工具，其特点是逻辑性、系统性强，定性与定量相结合。城市规划问题显然是一个多目标决策问题，适合用层次分析法作综合评价，多方案择优。

层次分析法的基本步骤如下：（以选择城市发展用地为例）

①明确问题和目标。

待分析的问题应该明确指出、界线清楚、目标具体，当然总目标可能概括一些。例如选择城市发展用地，可以这样提出问题和目标：从待选的三大片用地中选择一片（或两片）用地作城市建设用地，使城市发展获得较好的经济效益、社会效益、环境效益。

②建立层次结构模型。

系统是具有层次结构的，系统的总目标及各分目标也具有层次结构，建立目标的层次结构是为了将总目标逐层落实、逐级评价。层次结构模型如图 2-18 所示。

③构造判断矩阵。

由层次结构模型图可知，某一层次的一个目标是由下一层次的若干个分目标构成。下层分目标对上层目标的相对重要性程度是通过对分目标进行两两比较构成判断矩阵，再通过运算确定的。

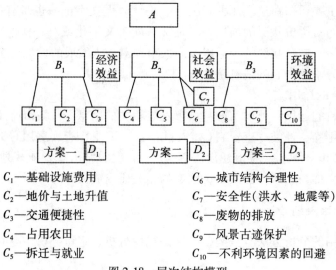

C_1—基础设施费用

C_2—地价与土地升值

C_3—交通便捷性

C_4—占用农田

C_5—拆迁与就业

C_6—城市结构合理性

C_7—安全性（洪水、地震等）

C_8—废物的排放

C_9—风景古迹保护

C_{10}—不利环境因素的回避

图 2-18　层次结构模型

a. 对于同一层次的几种元素构成比较矩阵。

$$C = \begin{bmatrix} C_{11} & C_{12}\cdots & C_{1n} \\ \vdots & \vdots & \vdots \\ C_{n1} & C_{n2}\cdots & C_{nn} \end{bmatrix}$$

式中：

$$C = \begin{cases} 2, & \text{第 } i \text{ 元素比第 } j \text{ 元素重要} \\ 1, & \text{第 } i \text{ 元素与第 } j \text{ 元素同等重要}; \\ 0, & \text{第 } i \text{ 元素没有第 } j \text{ 元素重要} \end{cases}$$

b. 计算重要性排序指数。

$$r_1 = \sum_{j=1}^{n} C_{ij} \qquad (i = /2\cdots,\ n)$$

取 $r_{max} = na_i x - (r_i)$　　$r_{nin} = mi_i n(r_i)$

求判断矩阵的元素

$$b_{ij} = \begin{cases} \dfrac{r_i - r_j}{r_{max} - r_{min}}(b_m - 1) + 1^1, & r_i \geqslant r_j \\[3mm] \left[\dfrac{r_i - r_j}{r_{max} - r_{min}}(b_m - 1) + 1 \right]^{-1}, & r_i < r_j \end{cases}$$

式中：$b_m = r_{max} / r_{min}$

例：如前面的用地分析问题，假如专家认为对于综合效益而言，经济效益比社会效益和环境效益都重要，而环境效益比社会效益重要，则比较短矩阵如左，判断矩阵如右：

A	B_1	B_2	B_3	r		A	B_1	B_2	B_3
B_1	1	2	2	5		B_1	1	5	3

B_2	0	1	0	1	B_2	1/5	1	1/3
B_3	0	2	1	3	B_3	1/3	3	1

④层次单排序。

判断矩阵只表示出分目标之间两两相对重要比值，它们对上层目标的权值必须通过计算求出。精确的计算是通过求矩阵的特征值和对应的特征向量得出结果，计算工作量大。下面介绍适于手算的近似计算方法。

基本思路：对于判断矩阵 P，把第 1 行的元素连乘起来，再开几次方得到 $(a)_i$，然后正规化，即可得到权值 ω_1，ω_2，ω_3，$\cdots$，ω_n，以上述判断矩阵为例：

a. 计算。

$$R_1 \prod_{j=1}^{n} P_i ; \qquad i = 1, 2, \cdots, n$$

$$R_1 = 1 \times 5 \times 3 = 15 ; \qquad R_2 = 1/5 \times 1 \times 1/3 = 1/15$$

$$R_3 = 1/3 \times 3 \times 1 = 1$$

$$\overline{\omega} = \sqrt[n]{R_1}$$

b. 开 n 次方。令　$\overline{\omega} = \sqrt[3]{15} = 2.466$; $\omega_2 = \sqrt[3]{1/15} = 0.405$

$$\overline{\omega}_3 = \sqrt[3]{1} = 1$$

$$\overline{\omega}_i \qquad k = \Sigma \overline{\omega}_i = 2.466 + 0.4.5 + 1$$
$$i = 1$$
$$= 3.871$$

c. 加总。$\overline{\omega}_i$ 得 $k = \sum \overline{\omega}_i = 2.466 + 0.4.5 + 1$
$$i = 1$$
$$= 3.871$$

d. 计算权值。　$\omega_i = \overline{\omega}_i / k \qquad i = 1, 2, \cdots, n$

$$\omega_1 = \overline{\omega}_1 / k = 2.466 / 3.871 = 0.637$$

$$\omega_2 = \overline{\omega}_2 / k = 0.405 / 3.871 = 0.105$$

$$\omega_3 = \overline{\omega}_3 / k = 1 / 3.871 = 0.258$$

e. 计算最大特征向量。

$$\lambda_{\max} = \frac{1}{n} \sum_{i=1}^{n} \frac{\sum_{i=1}^{n} p_{ij} \omega_j}{\overline{\omega}}$$

$$\sum_{i=1}^{n} p_{ij} \omega_j = (1 \times 0.637 + 5 \times 0.105 + 3 \times 0.258)/0.637 +$$

$$(1/5 \times 0.637 + 1 \times 0.105 + 1/3 \times 0.258)/0.108 +$$

$$(1/3 \times 0.637 + 3 \times 0.105 + 1 \times 0.258)/0.258 = 9.11$$

$$\lambda_{\max} = (3.04 + 3.03 + 3.04) \div 3 = 3.04$$

f. 一致性检验。

从理论上讲，当判断矩阵满足完全一致性条件 $P_{ik} = P_{ik}$，此时，$\lambda_{\max} > n$；实际上，人们填写判断矩阵不可能满足完全一致性条件，此时 $\lambda_{max}>n$。定义 $CR=CI/RI$ 称为判断矩阵的一致性比例，式中 $CI=\dfrac{\lambda_{max}-n}{n-1}$ 叫判断矩阵的一致性指标。RI 叫平均随机一致性指标，到十阶矩阵的 RI 值如表 2-2 所示：

表 2-2 　　　　　　　　　　　　　　　　**到十阶矩阵的 RI 值**

n	1	2	3	4	5	6	7
RI	0.00	0.00	0.58	0.90	1.12	1.24	1.32
	8	9	10				
	1.14	1.45	1.49				

上列中 $n=3\lambda_{max}=3.04$

$$CI=\frac{3.04-3}{3-1}=0.02$$

$$CR=\frac{CI}{RI}=\frac{0.02}{0.58}=0.03<0.1$$

满足一致性要求。

同样，分别用两两比较法构成判断矩阵，分别求出 C_{1-3} 对 B_1，C_{8-7} 对 B_2，C_{8-10} 对 B_3 的权值，显然这样的判断矩阵有 10 个。

最后求出 D_{13}，对 C_1，C_2，C_3，…，C_{10} 的相对权重，这样的判断又需进行 10 次。

⑤层次总排序。

层次总排序是求每一层次的各元素占总目标的比重，计算方法是连乘如 C_1 对 B_1 为 0.4，B_1 对 A 为 0.6，则 C_1 对 A 为

$$0.4\times0.6=0.24$$

最后求 D_{13} 对 A 的总排序。如计算 D_1 对 A_1 的总排序，将 D_1 对 C_{1-10} 的单排序乘以 C_1 对 A 的总排序，再相加，如

A		D_1				C_n
		C_1	C_2	C_3	…	L_{10}
C_1	D_1	0.1	0.02	0.05	…	
C_2	D_2	0.05	0.08	0.05	…	
C_3	D_3	0.08	0.1	0.06	…	
		……				

$$\sum_{i=1} a_i b_n^i$$

则 D_1 对 A：$0.1\times0.1+0.02\times0.05+0.05\times0.08+\cdots$

D_1 对 A：$0.05\times0.1+0.8\times0.05+0.04\times0.08+\cdots$

D_1 对 A：$0.08\times0.1+0.1\times0.05+0.06\times0.08+\cdots$

比较和的大小，决定方案的优劣。

（2）模糊综合评价法。

多目标决策问题中，许多因素还难于用定量的方法描述。而模糊数学的成果对于解决难于精确定量的决策问题提供了一种途径。以下用实例的形式介绍模糊综合评价在选择道江镇发展用地中的应用。道县县城道江镇现状建设用地 400hm²，由于历史的原因，全镇有地分三片一点，南北长达 8km，布局分散，主导风向和河水流向相反，功能布局矛盾很大。根据区域经济分析、道县地处丘陵地区南部六县的中心，目前及将来为南六县的交通枢纽，为振兴湘南经济，根据合理发展中小城市的方针，道县县城拟按县级小城市的规模规划，故需选择六七百公顷的发展用地。具体步骤如下：

①划定待评地块。

根据用地分析图，除去不能作发展建设用地的建成区，大片良田河流水面，河谷洼地、坡度大的丘陵地等外，将剩下的用地分成几大块，在地形图上粗略圈出。

②确定标价因素及权重。

选择城市发展用地，属多目标决策、问题，土地开发的经济性是首先想到的问题就是门槛费用的高低，然而城市结构是不合理，内外交通的便捷程度将包含着长期的经济效益和社会效益，考虑到规划要留有弹性，对于生态环境保护等重大问题，将评定因素分为四大项，每大项包括几小项，如表 2-3 所示。

表 2-3 　　　　　　　　　生态环境保护等重大问题的评定因素

	大目标	权值	分目标	权值
A	城市结构的协调与效率	0.3	a_1 功能分区的合理性	0.4
			a_2 对外交通的便捷性	0.3
			a_3 平地费用	0.3
B	用地开发的经济性	0.3	b_1 平地费用	0.2
			b_2 征地拆迁费用	0.3
			b_3 基础设施费用	0.5
C	对发展具有的弹性	0.2	c_1 适应区域经济变化	
			c_2 适应城市性质的变化	
			c_3 适应人口规模变化	
D	生态与环境保护	0.2	d_1 对空气、水体的保护	
			d_2 对森林、果园的保护	
			d_3 安全感	

以上表中权值通过专家评定，评定的具体方法也可以用层次分析法中的两两比较求权的方法。

③确定每个因素的评价等级。

由于对每个评价因素难以精确定量，拟采用五个模糊等级："好"、"较好"、"一般"、"较差"、"差"代之以一、二、三、四、五级。

④逐块用地评价定级。

对每一片待评用地，就各小因子确定评价等级。如河东片用地对外交通很便捷，即给 a_2 评为"好"，即属一级。这种评定不强求精确定量。不过专家们在具体评级时综合考虑了几种主要情况。如对外交通便捷问题，主要考虑距对外公路的远近，原料、产品的流向等。每片用地的评价结果用表格列出：以东北片用地为例，如表 2-4 所示。

表 2-4   每片用地的评价结果

大目标	A			B			C			D		
分目标	a_1	a_2	a_3	b_1	b_2	b_3	c_1	c_2	c_3	d_1	d_2	d_3
评 级	二	三	三	二	五	二	三	三	四	一	二	三

⑤构成评价矩阵。

评价矩阵 R 是一个 4×5 的矩阵（对本例而言），四行分别表示 4 个大目标，5 列分别表示 5 个等级。矩阵中某个元素的值就是某个大目标，属某个等级的评分值。它是一个或几个分目标（评为同一级的）的权值之和。将上表写成矩阵形式就是：

$$R = \begin{pmatrix} & 一 & 二 & 三 & 四 & 五 & \\ 0 & 0.4 & 0.6 & 0 & 0 & A \\ 0 & 0.2 & 0.5 & 0 & 0.3 & B \\ 0 & 0 & 0.6 & 0.4 & 0 & C \\ 0.4 & 0.3 & 0.3 & 0 & 0 & D \end{pmatrix}$$

第一行第三列元素为 0.6，说明对 A 大目标，属于三级（一般）的比重占 0.6，因为 a_2，a_3 都是评的三级，0.3+0.3=0.6。

⑥考虑各个大因子所占的权重，进行矩阵合成。

每个大目标对总目标而言只占一定的比重，因此，应该将大因子权重构成的行矩阵左乘 R 矩阵。

$$A = a \cdot A \cdot [0.3 \quad 0.3 \quad 0.2 \quad 0.2]$$

0	0.4	0.6	0	0
0	0.2	0.5	0	0.3
0	0	0.6	0.4	0
0.4	0.3	0.3	0	0

$$= [0.08, \ 0.24 \quad 0.51 \quad 0.08 \quad 0.09]$$

⑦评价结果。

根据最大隶属度原理，选定最大值 0.51 所在的列为总的评价等级，即第三级"一般"。这说明综合考虑各种因素,东北片用地作建设用地不算好和较好,只是一般,当然也不是很差的。

如果有多位专家参加评定,则将每个人的结果相加取平均数。

道县总体规划修编时有三位专家参加了用地评价,三人的平均结果如下:

东北片 $[0.09 \quad 0.24 \quad 0.40 \quad 0.17 \quad 0.10]$

河东片 $[0.46 \quad 0.31 \quad 0.11 \quad 0.08 \quad 0.00]$

正北片 $[0.20 \quad 0.50 \quad 0.23 \quad 0.05 \quad 0.02]$

正西片 $[0.19 \quad 0.33 \quad 0.18 \quad 0.13 \quad 0.17]$

根据结果,远期建设用地向河东发展,近期适当向西北发展。

3. 空间模型分析

城市规划各个物质因素都在空间上占据一定的位置,形成错综复杂的相互关系。除用数学模型、文字说明来分析表达以外,还常用空间模型的方法来表达。常用的空间模型表达方法有两类:实体模型与概念模型。

(1)实体模型可以用图纸表达,如用投影法画的总平面图、剖面图、立面图,一般在不同的规划层面都有规定的比例要求,表达方法有规范要求,主要用于规划管理和实施,也有用透视法画的透视图、鸟瞰图,主要用于效果表达。

实体模型可以用实物表达。常用木材、卡纸、有机化学材料等制作,也可以计算机建模,制作动画和渲染。比例在 1:2000~1:500 之间,主要用于效果表达和宣传。

(2)概念模型一般用图纸表达,主要用于分析和比较,常用的方法有以下几种。

①几何图形法。用不同色彩的圆环、矩形、线条等几何图形在平面图上强调空间要素的特点与联系,常用于功能结构分析、交通分析、环境绿化分析等。

②等值线法。根据某因素空间连续变化的情况,按一定的值差,将同值的相邻点用线条联系起来,常用于单一因素的空间变化分析。例如,地形分析的等高线图、交通规划的可达性分析、环境评价的大气污染和噪声分析等。

③方格网法。根据精度要求将研究区域划分成方格网,将每一方格网的被分析的因素的值用规定的方法表示(如颜色、数字、线条等)常用于环境评价、人口的空间分布等。此法可以叠加,常用于综合评价。

④图表法。在地形图(地图)上相应的位置用玫瑰图、直方图、折线图,饼图等表示各因素的值,常用于区域经济、社会等多种因素的比较分析。

2.3.3 实验三 城市总体规划"两个规模"论证

《城市规划基本术语标准》(GB/T 50280—98)对城市规模的定义是指以城市人口和城市用地总量所表示的城市的大小。城市人口规模预测在城市总体规划中具有重要的作用,决定了未来城市用地总量。"两个规模"是指:城市总体规划阶段规划人口规模与用地规模。在"两个规模"论证中,要调查清楚城镇现状的人口规模与用地规模,科学预测人口规模的发展和确定人均用地指标,尽量不占或少占耕地。

"两个规模"论证的主要内容如下:

①概况;

②县(市)域城市化水平预测;

③中心城区(县城、市)人口预测;

④人均建设用地指标确定与用地规模论证。

下面以湖南省衡山县城总体规划(修编)的人口及用地规模论证报告作为案例来掌握"两个规模"的主要内容。

案例　衡山县城总体规划(修编)人口及用地规模论证报告

1.县城及县城概况

衡山县位于湘江中游、北界湘潭,西南邻衡阳,西北接双峰,东隔湘江与衡东相望,南与衡南县毗邻,南岳区从西南方向切入境内。全县总面积934km²,辖8镇、10乡、14个居民委员会、325个行政村。1996年底总人口394274人,国内生产总值13.68亿元,全年财政收入7778万元(90年不变价)。

衡山县城位于湘江西岸的107国道与1820省道的交汇处,与衡东县新塘镇仅一江之隔,现有湘江大桥将两镇连为一体,"衡山火车站"就位于新塘。南岳镇及风景区与衡山县城相距仅13km,因此,衡山县城是由京广线、京珠高速公路进入南岳衡山的门户。位于县城南部12km的湘江上游有投资20多亿元人民币的大源渡水利枢纽工程。早在1990年,衡阳市政府对衡山县城总体规划的批复中就明确提出把大源渡纳入县城总体规划范围。目前,大源渡所在的永和乡有非农业人口949人;移民拆迁户203户,约800人。加上县城驻地城镇人口44264人,县城规划区总人口约4.6万人。

2.城市规模论证的基本观点

(1)在社会主义市场经济条件下,原有的计算城市人口规模的方法如劳动平衡法和带眷系数法已失去意义。

(2)论证城市远期人口规模不能就城市论城市,应将问题放到更大的区域社会经济环境中讨论。

(3)县级行政区划在我国有上千年的历史,尽管历代有所变动,但基本经济特点和行政隶属仍保持相当的稳定性,因此,以县域为对象分析城市化水平有实际意义。

(4)一个县域(市域)的城市化水平与多种因素有关,其中与经济发展水平高度相关,国内、国外均如此。离开经济发展条件与水平讨论城市化水平及某个城市的规划均是毫无根据的。

(5)城市作为空间地域系统,其发展在空间上和时间上均是非线性的,存在停滞和跳跃。对远期发展作趋势外推,可靠性不高。

(6)在城市未来发展中,有众多因素,其中人的因素(决策者的选择等)影响较为明显。因此,在城市发展分析过程中,分析者与决策人之间要保持畅通的信息交流。

(7)城市规模论证应采取定性与定量相结合的方法。对定量的结论作出定性解释,定量方法的选择要以定性作指导。

(8)目前,在城市总体规划工作中,论证与审批城市人口与用地规模,事实上已作为一个工作阶段，但此工作阶段与规划工作不能脱离，就是说没有对城市的发展规划和建设规划作较为深入的研究，也不能作出切合实际的规模论证。

（9）一般说来，先确定人口规模，再推算用地规模，但用地规模也不是完全"被动"的。在我国，土地利用规划仍是城市规划的核心问题。土地的建设条件、现状建设用地的规模和结构、国家政策对规划建设用地的布局，甚至对城市发展规模有影响。

（10）不管我们作出何种深入研究，论证是何等的自圆其说，基于社会复杂系统的某种"混沌"性，要准确地预测远期未来属于不可能之事。预测结果只有某种可能性。对此，规划必须在各层次上留有弹性。

3. 论证程序框图

论证程序框图如图 2-19 所示。

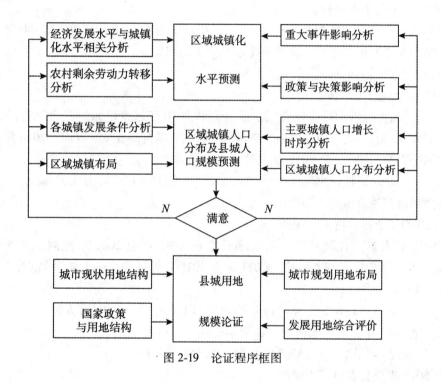

图 2-19　论证程序框图

4. 县城城市化水平预测

（1）发展条件分析。

①潜力与优势。

a. 区位优势。

衡山地处湖南省经济发展战略的"五区一廊"或"一点一线"的重要位置，往北有湘江沟通长江，与"黄金水道"相连，往南紧临两广与港澳、且有京广与湘桂铁路直达，区域位置优势十分明显。

b. 交通优势。

现有 107 国道、京广铁路和 1820 省道，湘江千吨级航道正在整治，水运可通江达海，京珠高速公路在县域附近通过，且有互通式立交相连，衡山将成为一个重要的交通枢纽。

　　c. 资源优势。

　　南岳衡山是全国著名的旅游胜地；县域的瓷泥、钾长石、石膏等矿产资源和农副产品资源十分丰富。

　　d. 政策优势。

　　国家的开放开发政策已将重点由东部逐步向中西部转移，衡山又是省里的"湘南改革开放过渡试验区"。

　　②制约因素。

　　县内支柱产业和规模经济发展不够；资源优势转换不力，精加工、深加工、高附加值产品少；改革开放力度不够。

　　(2)现状城市化水平分析。

　　1996年底，衡山县总人口为394274人，其中城镇有户口的非农业人口44966人，城镇实际非农业人口为6.3万人，故城市化水平为16.0%。

　　(3)城市化水平预测——剩余劳力化法。

　　①2015年全县总人口预测。

　　据《衡山县国民经济和社会发展"九五"计划和2010年远景目标纲要》，全县从现在至2000年人口增长率控制在8.5‰以内，2000年至2010年控制在8‰以内，2010年到2015年控制在7‰以内，因此，至2015年全县总人口控制在

$$394274(1+8‰)4×(1+8‰)10×(1+7‰)5 = 45.74(万人)$$

　　②全县剩余劳动力预测。

　　a. 至2015年全县农村人口预测。

　　在衡山县总人口，有城镇户口的人增长率自1997年至2000年控制在8.5‰以内，2001年至2010年控制在7.8‰以内，2011年至2015年控制在7‰以内，这部分人至2015年将增长为

$$6.3×(1+8.5‰)4×(1+7.8‰)10×(1+7‰)5 = 7.29(万人)$$

　　因此，至2015年，全县农村人口如果不转化，将达到

$$45.74-7.29 = 38.45(万人)$$

　　b. 至2015年全县农村劳力预测。

　　1995年底，全县农村劳力占农村人口的比率为58.5%，若保持此比例不变，至2015年，全县农村劳动人应为

$$38.45×58.5% = 22.49(万人)$$

　　c. 剩余劳动力估算。

　　● 农业所需劳力。按每个劳力种耕地5.5亩计，26.5万亩耕地需劳力

$$26.5÷5.5 = 4.82(万人)$$

　　● 林业所需劳力。按每个劳力平均育林护林50亩林地计，79.5万亩地需劳力

$$79.5÷50 = 1.59(万人)$$

　　● 多种经营可容纳劳力。按目前情况，有12%的劳力从事多种经营，则有

$$22.49 \times 12\% = 2.70 (万人)$$

故至 2015 年，全县有剩余农村劳力为

$$22.49 - (4.82 + 1.59 + 2.70) = 13.38 (万人)$$

d. 农村剩余劳力的转化。

剩余劳力的转化问题是一个重大社会问题，任何时期都不能保证剩余劳力能全部找到就业岗位。

就目前情况来看，农村的剩余劳力一部分向外地输出（打工）；一部分在乡、村、组驻地从事第二、三产业；一部分劳力进入城镇居住，从事各种产业。据有关部门估计，进入城镇居住的人将占到剩余劳力的 45% 左右，计 6.02 万，考虑带眷系数 1.7，共有 6.02× 1.7＝10.23（万人）转入城镇居住。

2015 年衡山县城市化水平：

$$7.29 + 10.23 = 17.52 (万人)$$

$$17.52 / 5.74 = 38.3\%$$

（4）城市化水平预测——回归分析法。

①通过以湖南省的 10 个县和县级市的人均国民生产总值与城市化水平的回归分析，得出如下方法：

$$Y = 7.1452 + 0.002531X$$

$$R = 0.8644$$

式中：X 为人均国民生产值（万/人）；Y 为城市化水平百分数。

若要使县域内城市化水平达到上述 38.3% 的水平，则人均国民生产总值为 12309 元。

②有关统计资料显示，当国民生产总值人均 1000 美元时，城市化水平在 50% 左右，具体数据如表 2-5 所示。

表 2-5

国籍	年份	人均 GDP（美元）	比例
法国	1953	1081	57.5%
西德	1957	1001	74.7%
苏联	1960	1064	49.5%
日本	1966	1028	68.0%

有人预测我国到 2000 年，GNP 为 800~1000，城市化水平达到 25%~30%

因此，上述城市化水平 38.3% 需国民生产总值人均 12309 元的分析是有可比性的。

③就衡山县而言，至 2015 年，人口将达 45.74 万，城市化水平若要达到 38.3%，则国民生产总值需达到 56.33 亿。1996 年的国民生产总值为 14.25 亿，也就是说从现在起至 2015 年，国民生产总值还必须翻两番，年增长率平均为 7.5% 左右。从衡山县最近的 5 年统计数据表明，国民生产总值年增长率平均达 38% 之高速，因此，在未来的 20 年内保

持平均 7.5% 的增长率是很有可能的。

综合以上两种分析方法，确定衡山县 2015 年城市化水平为 38.3%，城镇人口总数达 17.52 万。

5. 县城城镇人口规模预测

(1) 现状城镇人口分析。

①有户口的 1996 年底，县城有城镇户口的人口 31834 人。

②常住人口包括职中、开云中学的农村住宿生，开云经济开发区固定摊位的外来人员，农民合同工，林场离退休人员及邻近 6 个村的村民，共 12030 人。

③流动人口据统计，县城常年流动人口约 11000 人，将这两部分人口的 20% 计入人口规模，即 11000×20%=2200 人。故目前县城现有城镇人口 46044 人。

(2) 用综合增长率法推算 2015 年县城城镇人口。

通过从 1988 年至 1996 年县城城镇人口统计数据分析，近 10 年内年平均增长率为 4.1%，若保持此综合增长率，至 2015 年，县城城镇人口有

$$44264×(1+4.1\%)19=94976(人)≈9.5(万人)$$

(3) 用比例法预测县城城镇人口。

目前，县城城镇人口占全县城镇人口的比例高达 73%(4.6÷6.3)。这一比例高于全省一般的情况(50% 左右)。显然，这是由于县城附近有南岳镇与新塘镇的原因，该两镇已先后不属衡山县行政区内。但这一较高的比值将来会有下降，因为县内有几个新建制镇建立，大源渡镇将有较大发展。设比值为 55%，则县城城镇人口为

$$17.52×55\%=9.64(万人)$$

综合以上两种分析方法，至 2015 年，衡山县城城镇人口确定为 10 万是可行的。

(4) 环境容量简析。

①衡山县城位于湘江之滨，显然用水不成问题。

②通过用地综合评价，县城近期主要向北沿衡山大道两侧发展，远期跨过 107 国道向西北发展，这两个方向低丘坡地多于农田，县不受洪水淹没，因此，建设用地不成问题。

③衡山县城附近用地开阔，水体宽远，通过合理布局和治理，环境污染问题不会成为制约城市规模的因素。

(5) 建设条件分析。

①衡山县城建设条件很好。铁路衡山站距市中心仅一江之隔，有湘江大桥相通。

②随着湘江梯级开发，将有千吨级码头在县城建设。

③大源渡电站的 110kV 变电站建在县城。

④县城有一千多年的历史，宗教文化和近代革命传统以及秀丽的山水特色为省内县治驻地所少有。

因此，衡山县城具备发展为中小城市的重要基本条件。

6. 县城用地规模论证

(1) 现状建设用地情况。

衡山县城现状建设用地 425.58hm²，按 4.6 万人计算，人均 92.43m²。县城主要用地比例及国家标准如表 2-6 所示。

表 2-6　　　　　　　　　　　　县城主要用地比例及国家标准

用地性质	县城比例	国家标准
居住用地	29.82%	20%~32%
工业用地	24.29%	15%~25%
道路广场	8.45%	8%~15%
绿　地	3.75%	8%~15%

可见，县城的居住用地和工业用地比例已处于国家标准的上限，而道路广场用地和绿地处于甚至未达到国家标准的下限。

（2）规划人均建设用地。

考虑到现状人均建设用地已达到 92.43m²，道路和绿地还必须有较大的提高，根据国家标准，县城远期人均建设用地定为 100m² 左右。

（3）2015 年用地规模。

远期人口规模已定为 10 万人，故用地规模为 10km² 左右。

（4）用地发展方向选择。

衡山县城中心位于紫巾峰北麓，湘洒西岸。湘江以东为衡东县，虽有大桥相通，县城不能跨江发展。紫巾峰山高坡陡，向南延伸数千米，故县城不能向南发展。

近期城市向北平行发展有很好的条件，衡山大道已开通，两边多为丘陵坡地，县城紧靠老城区，出入交通方便。但是向北连片发展也有一定限度，靠湘江有大片破碎洼地，常年遭洪水淹没。汽配厂以西以北接连大片高山陡坡，不能作为城市用地。

衡山大道向西跨过 107 国道，然而国道以西螺头山水库以北又是大片农田，因此，城市不宜连片向西发展。

沿 107 国道往北 2km 的地段为缓坡山地。故选该片用地开辟城市新区。

综合上所述，衡山县城远期城市形态为组团结构，即新老两个城区，中间为基本农田保护区和山体。

7. 新增规模建设用地占用土地情况

衡山县城现状建设用地 425.58hm²，规划远期人口 10 万人，规划建设用地 1060.3hm²，应新增加 634.72，根据初步确定的用地布局方案，拟占用土地情况如表 2-7 所示。

表 2-7　　　　　　　　　　　衡山县城拟占用土用情况

总计	耕地	园地	林地	水域	村镇建设	弃置地
634.72	70.5	252	155.7	15.02	59.8	81.7
100%	11.10%	39.73	24.55%	2.36%	9.42%	12.84%

8. 近期用地规模控制

根据国家政策，1997 年内不再新批建设用地。至 2000 年，人口控制在 6 万人，用地指标采用现状指标不变，即人均 95m^2，故近期用地规模为 570hm^2。

【主要参考文献】

［1］赵和生著．城市规划与城市发展［M］．南京：东南大学出版社，2011.
［2］黄明华编著．绿色城市与规划实践［M］．西安：西安地图出版社，2001.
［3］邹德慈主编．城市规划导论［M］．北京：中国建筑工业出版社，2002.
［4］高峰．我国城市总体规划编制改革的对策研究［D］．华中科技大学，2005.
［5］王勇．我国城市总体规划编制改革的对策研究［D］．武汉：华中科技大学，2005.
［6］汤放华主编．城市总体规划设计指导书［M］．湖南城市学院，2005.
［7］华北水利水电学院资源与环境学院主编．城市总体规划实验指导书．华北水利水电学院，2009.
［8］蒲向军．城市总体规划实施研究［D］．武汉大学，2005.

2.4 实验作业

2.4.1 实验一

表 2-8 是上海市 2001—2005 年主要生产总值，试运用 SPSS 软件，分析上海市的主要经济职能。

表 2-8　　　　　　　　上海市主要产业生产总值（按三次产业分）　　　　　　单位：亿元

产 值　＼　年 份	2001	2002	2003	2004	2005
工 业	2121.19	2312.77	2865.85	3593.25	4129.52
建筑业	234.34	251.92	264.87	298.87	323.4
交通运输、仓储和邮政业	274.36	294.07	306.69	493.6	582.6
交通运输业	242.89	258.56	272.58	440.68	516.18
仓储业	16.99	17.54	17.66	34.87	44.21
信息传输、计算机服务和软件业	159.24	194.1	228.47	303.84	359.21
批发和零售业	488.01	529.04	569.91	745	840.89
住宿和餐饮业	117.83	138.44	138.89	150.88	168.31
金融业	619.99	584.67	624.74	612.45	675.12
房地产业	316.85	373.63	463.93	666.3	676.12

续表

年 份 产 值	2001	2002	2003	2004	2005
租赁和商务服务业	63.68	78.17	82.72	253.29	292.19
科学研究、技术服务和地质勘查业	64.01	70.56	74.32	171.81	212.91
水利、环境和公共设施管理业	37.88	49.38	50.64	52.47	53.38
居民服务和其他服务业	45.16	59.06	61.88	73.9	82.81
教育	123.11	144.71	161.22	227.15	269.64
卫生、社会保障和社会福利业	63.96	78.97	93.17	124.69	144.63
文化、体育和娱乐	52.82	66.67	72.49	64.57	77.6
公共管理和社会组织	82.91	94.36	98.04	157.31	185.51

表 2-9 是我国 2000 年居民生活消费状况，试采用主成分分析法，说明我国居民消费的特征。

表 2-9　　　　　　　　　　**2000 年中国居民生活消费状况**

	食品	衣着	家庭设备用品及服务	医疗保健和个人用品	交通和通信	娱乐教育文化	居住
北京	101.5	100.4	97	98.7	100.8	114.2	104.2
天津	100.8	93.5	95.9	100.7	106.7	104.3	106.4
河北	100.8	97.4	98.2	98.2	99.5	103.6	102.4
山西	99.4	96	98.2	97.8	99.1	98.3	104.3
内蒙古	101.8	97.7	99	98.1	98.4	102	103.7
辽宁	101.8	96.8	96.4	92.7	99.6	101.3	103.4
吉林	101.3	98.2	99.4	103.7	98.7	101.4	105.3
黑龙江	101.9	100	98.4	96.9	102.7	100.3	102.3
上海	100.3	98.9	97.2	97.4	98.1	102.1	102.3
江苏	99.3	97.7	97.6	101.1	96.8	110.1	100.4
浙江	98.7	98.4	97	99.6	95.6	107.2	99.8
安徽	99.7	97.7	98	99.3	97.3	104.1	102.7
福建	97.6	96.5	97.6	102.5	97.2	100.6	99.9
江西	98	98.4	97.1	100.5	101.4	103	99.9
山东	101.1	98.6	98.7	102.4	96.9	108.2	101.7

续表

	食品	衣着	家庭设备用品及服务	医疗保健和个人用品	交通和通信	娱乐教育文化	居住
河南	100.4	98.6	98	100.7	99.4	102.4	103.3
湖北	99.3	96.9	94	98.1	99.7	109.7	99.2
湖南	98.6	97.4	96.4	99.8	97.4	102.1	100
广东	98.2	98.2	99.4	99.3	99.7	101.5	99.9
广西	98.5	96.3	97	97.7	98.7	112.6	100.4
海南	98.4	99.2	98.1	100.2	98	98.2	97.8
重庆	99.2	97.4	95.7	98.9	102.4	114.8	102.6
四川	101.3	97.9	99.2	98.8	105.4	111.9	99.9
贵州	98.5	97.8	94.6	102.4	107	115	99.5
云南	98.3	96.3	98.5	106.2	92.5	98.6	101.6
西藏	99.3	101.1	99.4	100.1	103.6	98.7	101.3
陕西	99.2	97.3	96.2	99.7	98.2	112.6	100.5
甘肃	100	99.9	98.2	98.3	103.6	123.2	102.8
青海	102.2	99.4	96.2	98.6	102.4	115.3	101.2
宁夏	100.1	98.7	97.4	99.8	100.6	112.4	102.5
新疆	104.3	98.7	100.2	116.1	105.2	101.6	102.6

实验作业成果最终以 *.doc 报告形式上交。

2.4.2 实验二

请选择你的家乡或你熟悉的一座城市，结合选取城市的实际情况，根据城市总体规划调查与分析的主要方法，可以有选择地完成城市总体规划调查与分析的主要内容。

实验作业成果最终以 *.doc 报告形式上交。

2.4.3 实验三

请选择你的家乡或你熟悉的一座城市，运用实验三中涉及的分析方法与步骤来论证你选取的城市总体规划中"两个规模"的合理性与科学性，若存在不合理和不科学之处，请提出改进意见和建议。

实验作业成果最终以 *.doc 报告形式上交。

第3章 控制性详细规划实验

3.1 实 验 目 的

控制性详细规划的主要任务是以城市总体规划或分区规划为依据，确定建设地区的土地使用性质和使用强度的控制指标、道路和工程管线控制性位置以及空间环境控制的规划要求。因此，控制性详细规划在城市规划编制层面上起着承上启下的重要作用。通过本课程的学习，要求学生掌握对城市局部地区功能、结构、空间、景观等进行控制性详细规划的基本概念、专业术语，掌握控制性详细规划编制的基本原理、基本内容和基本方法，熟悉控制性详细规划编制的成果要求，并能初步完成控制性详细规划项目的设计任务。

（1）能系统、正确地运用所学基础理论知识和专业知识，全面认识，分析和解决控制性详细规划中的具体问题。

（2）培养学生独立思考和综合分析问题的能力，掌握城市控制性详细规划的工作内容，程序和基本方法。

（3）掌握控制性详细规划的经济技术要求和经济技术分析论证的方法。

（4）能熟悉相关规划设计标准和技术规范。

（5）认识控制性详细规划的实践性与法规性特点，了解规划实施管理的过程，要求规划设计成果具有可操作性和规范性。

3.2 实 验 方 法

1. 实验准备

相机、电脑、手工绘图设备以及现状地形图，AutoCAD、Photoshop、湘源控规、SketchUp 等软件。

2. 实验方法

实地踏勘、数据统计与分析、资料收集、案例分析以及计算机辅助设计法等。

3.3 实 验 案 例

3.3.1 实验一 综合城区的控制性详细规划设计

这里讲的综合城区就是城市建成区的主体部分，具有综合性的城市功能布局。具体包括一般性城区、老城区和城市中心区等。

1. 一般性城区

一般性城区占据城市建成区的主要部分，面积大、内容复杂、用地类别多。

其规划设计要点：

(1)城区控制性详细规划，在城市总体规划直接指导下进行，是对其的延续和深化；

(2)城区控制性详细规划主要解决用地功能调整，道路网布局，绿地、公共设施布局，重整城市格局等问题；

(3)城区控制性详细规划深度介于分区规划与控制性详细规划之间，地块划分较大，控制指标不多，主要控制土地使用性质、土地使用强度等内容；

(4)城区面积大，不宜全部铺开。城区控制性详细规划宜分片进行，片区的划分及组织协调十分重要。

2. 老城区

老城区其用地结构、建筑质量、道路网络、市政设施等一般都不能适应城市快速发展的要求，需要改造更新。而很多旧城区恰恰是传统居住街区、大量历史文物古迹的聚集地，这种历史发展过程中形成的古城格局和风貌都需要保护，增强了旧城控制性详细规划的难度和复杂性。其规划要点如下：

(1)编制旧城控制性详细规划，必须先进行整个旧城范围的分区规划，对旧城总体格局、用地调整、容量控制有整体把握再分街坊分地块地进行；

(2)必须进行深入细致的现状调查，充分认识旧城格局、肌理和特有的社会结构等，特别是需要保留的建筑；

(3)文书以土地使用与建筑管理技术规定为主体。

3. 城市中心区

城市中心区交通组织复杂，功能多样，集中体现城市主要的行政、经济、商贸、文化娱乐和部分居住功能，也集中体现一个城市的精神风貌。其规划要点如下：

(1)应首先解决中心区和各功能组成部分的布局和交通组织问题；

(2)确定各部分的建筑容量、高度、建筑群和绿色开敞空间的空间组织；

(3)应重点贯彻城市设计的思想，其工作开展要以形体规划层面上的城市设计为基础；

(4)地块划分一般较小，这与中心区内路网密度较大有关，而容积率较高，建筑控制高度的确定则值得仔细研究。

案例 1　　铜梁县新城中心区控制性详细规划

1. 项目背景

铜梁县位于四川盆地东南部、重庆市西北部，地处川中丘陵与川东平行岭谷交接地带。随着经济的发展与人口的增长，铜梁老城区已经难以满足城市发展的需要。铜梁县城市总体规划(2001—2020年)将本次规划范围确定为铜梁县新城中心区。目前该地区已经开始拆迁，开发建设条件日趋成熟。

2. 现状概况与分析

　　新城中心区位于铜梁县城未来的城市中心位置，老城区以东，工业区以北，北至铜合路，南至迎宾大道，西至景观路，东至辰龙路，总面积约 400.08hm^2。规划基地地处四川盆地中部偏南的盆中旋转构造带与盆东南弧形构造带之间的过渡区。属山、丘、坝兼有的地形结构，而以丘陵为主。丘顶海拔一般在 300~400m 间。相对高度多在 20~60m 间。境内最高点海拔 885m，最低点海拔 185m。境内地势总的趋势是东南高，西南次之，东北部较低。东南部是狭长的低山。区内有部分建筑，主要分布于规划区内北部，有位于金龙大道两侧的拆迁安置用房、味精厂、阳光丽都小区、铜合路加油站、金龙体育馆以及部分农房，其余为耕地、村镇建设用地、弃置地以及水域等。新城中心区目前三条主干道已经基本建成，即北侧的铜合路，贯穿南北的金龙大道，南侧的迎宾路(见图 3-1 和图 3-2)。

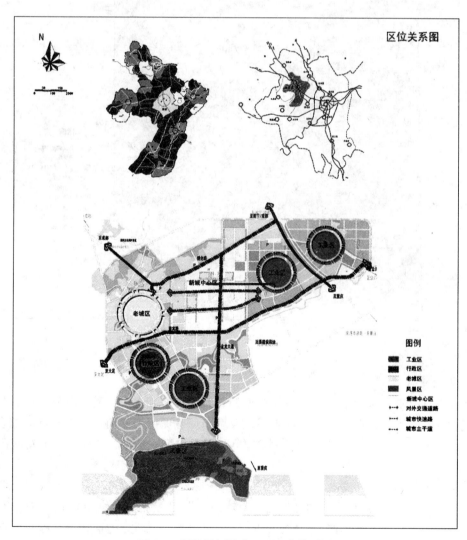

图 3-1　铜梁县新城中心区区位关系图

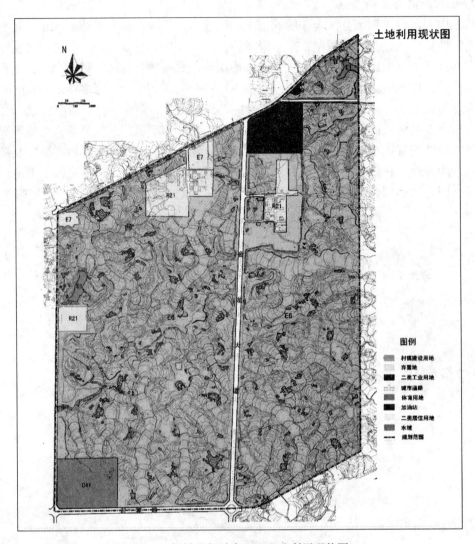

图 3-2 铜梁县新城中心区土地利用现状图

3. 规划重点

本次规划要求在贯彻落实上位总体规划相关要求的基础上，妥善处理好新城区与老城区在城市空间发展、功能布局、交通组织以及生态环境保护上的协调关系，同时综合考虑新城区在公建设施和市政基础设施上的配套要求，合理划分地块，有序引导新城区分期建设。

4. 规划结构及土地利用

新城中心区的总体布局结构为"一心两轴四区"。"一心"指位于规划用地中心的绿心——城市中央公园；"两轴"指铜梁县重要的"十字形"生态文化景观轴，即东西向依托中兴路发展的"铜梁文化"景观轴和南北向以中央公园、县政府大楼为两极的"新铜梁人居文化"景观轴；"四片"指位于规划区东北角规划的工业用地片，中央公园北、西、东侧的居住包括拆迁安置与商住用地片，中央公园南侧的商贸、行政用地片和规划区西南角的体育、医疗用地片。（见图 3-3）。

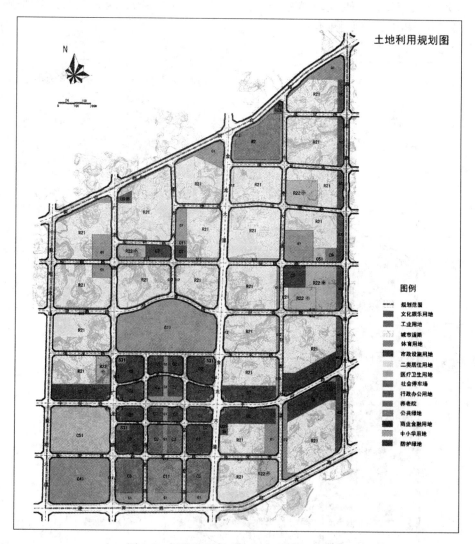

图 3-3 铜梁县新城中心区土地利用规划图

5. 地块划分与编码

（1）地块划分。

地块划分原则：保障土地使用性质唯一；尊重土地权属界线；利用地形高差等自然界线和规划道路等人工界线；一般地块划分至中类，城市公共设施、市政公用设施、公园绿地等用地划分至小类。

（2）地块编码

由于铜梁县目前尚未建立自己统一的控制性详细规划地块编码系统，本次规划参照重庆都市区控制性详细规划编码方法，将铜梁县城编成一个组团——"铜梁"，再将规划区分成两个街坊分别用街坊代码 A、B，再用数字编地块与分地块号。本规划编码分三级，一级为 A，一级共分两街坊，编号为 A、B。二级编码号为 A01、A02、A03、…、A28、B01、B02、…、B15，二级地块 A 街坊共 28 块，B 街坊共 15 块。三级地块编码号为 A01-1、A01-1、B01-1。（见图 3-4）

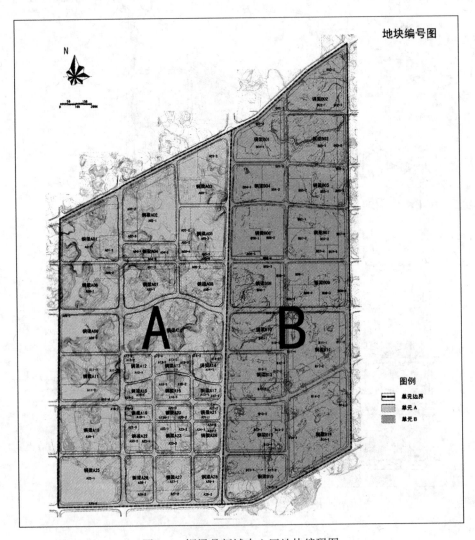

图 3-4　铜梁县新城中心区地块编码图

3.3.2　实验二　工业园区的控制性详细规划设计

工业园区多是城市新区，以工业用地为主，兼有部分管理、信息、经贸、科研、服务机构以及生活服务、物流中心、货流中心等用地。其规划设计要点如下：

（1）工业用地地块划分各地情况不一，小至 100m×100m（广东地区），一般地区工业道路网格多为 250~300m；

（2）为适应不同工业门类不同项目的需要，工业地块必须留有重组的可能；

（3）工业地块容积率指标不是最主要的控制指标，除多层厂房容积率高于 1 外，一般都低于 1。重要的是研究工业地块上的市政设施容量指标，使之能满足不同工业项目的需要，并留有余地。

案例 2 深圳布吉（吴川）产业转移工业园首期控制性详细规划

1. 项目背景

深圳布吉（吴川）产业转移工业园位于吴川市黄坡镇区西部，西接湛江市坡头区，325 国道与 373 省道之间，经由 373 省道至湛江市区约有 20km，地处湛江市经济发展轴横向主轴上，交通便利，地理区位极其优越。

近些年来，粤西地区正积极利用"工业飞地"等新政策，争取联手办好工业园，承接发达地区的产业转移。而深圳布吉（吴川）产业转移工业园被列入广东省综合产业转移园区之列，受到省领导的高度重视，其发展的政策环境之良好是不言而喻的。另外，珠江三角洲地区发展迅速，工业化进程趋于成熟阶段，地价上涨，土地资源紧缺，生产成本上升，一些较为低端产业开始向周边地区寻求新的发展空间，珠江三角洲周边土地资源丰富的地区成为产业转移的主要方向；同时珠江三角洲内部各城市政府也鼓励部分产业进行转移为高端产业发展腾出空间，深圳布吉产业园的发展也同样面临着这样的形势。

2. 现状分析

深圳布吉（吴川）产业转移工业园位于吴川市黄坡镇镇区西部，西接湛江市坡头区，325 国道与 373 省道之间，经由 373 省道至湛江市区约有 20km，地处湛江市经济发展轴横向主轴上，交通便利，地理区位极其优越（见图 3-5 和图 3-6）。首期（即本次控制性详细规划的规划区）位于产业转移工业园的东北部，北靠 325 国道。本次规划总面积为 77.8hm²，约合 1167 亩。基地以林地为主。规划区西部主要为园地、林地；规划区东部主要为鱼塘和现状工业用地；此外在规划区内分布着规模约为 4.1hm² 的市政设施用地和少量的村镇居住用地。现状存在的主要问题有：

（1）市政配套设施和公共服务设施比较落后，市政管线敷设不齐全；

（2）现状工业用地主要为三类工业用地，与产业转移工业园的定位不相适宜；

（3）现状离河涌的防护绿地的间距不够；

（4）现状 325 国道的宽度不够，交通压力较大；

（5）现状鱼塘较多，西部地势较为陡峭，工程量较大。

3. 规划定位与目标

充分利用良好的自然生态环境资源，发展以制鞋、玩具、服装、电子等传统加工制造业为主导的劳动密集型工业，兼有工、商、休闲娱乐于一体的安全高效、环境优美的现代化产业工业园区。产业园区发展趋势：

（1）规模化——从单一小型的工业园区向规模化综合型园区发展。

（2）分样化——根据社会发展的阶段，制定不同阶段的开发对策，追求开发过程中最大的经济效益。

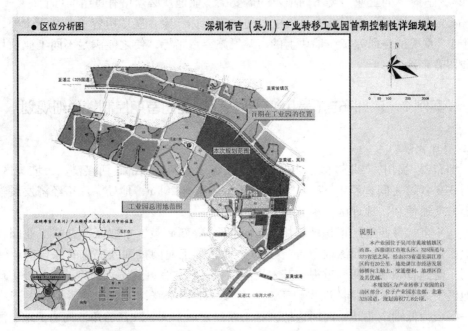

图3-5　深圳布吉(吴川)产业转移工业园首期控制性详细规划区位图

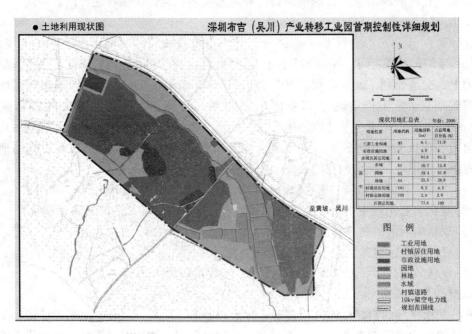

图3-6　深圳布吉(吴川)产业转移工业园首期控制性详细规划土地利用现状图

(3)产业化——多产业的有效结合是降低成本的重要途径,将研发、试验、规模化生产以及上下游产品制造有效地联系起来,形成高效的产业链。

(4)社会化——在生产、居住、社会服务、交通等方面进行社会化专业分工，进行广泛的合作，共同营造现代产业园区的运作模式。

(5)生态化——充分利用自然生态环境资源，营造生态化的园区环境，提升环境质量。

4. 规划结构

结合以上的规划构思，综合考虑规划区与产业工业园整体的协调关系，对整个规划区进行合理布局与空间整合，并通过路网结构加强功能区、绿地系统及空间环境的有机联系，以形成整体性强、结构清晰、紧密联系的产业工业园。规划布局结构可概括为："一轴一带六区"的园区功能布局结构，"三横二纵"的园区干道网格局，及"一轴一带二节点"的园区绿地系统布局结构。(见图 3-7 和图 3-8)

(1)功能布局结构。"一轴一带六区"指以规划横二路为景观主轴，沿河涌的绿化休闲带，制鞋、玩具、服装、电子四大产业区以及商业区和公园休闲娱乐区。

(2)"三横二纵"道路交通格局。三横：325 国道(对外交通干道)，规划横二路(园区次干道)，工业一路(园区主干道)；二纵：规划三路、规划四路。

(3)绿地系统布局结构。"一轴一带二节点"即规划横二路为景观主轴，沿河涌的绿化休闲带，以及园区公园等主要的景观节点。

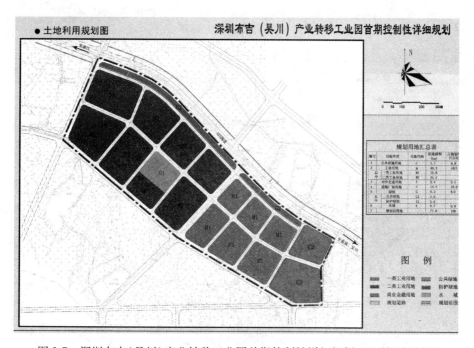

图 3-7　深圳布吉(吴川)产业转移工业园首期控制性详细规划土地利用规划图

5. 配套设施规划

(1)公共服务设施。在地块 A-01-02 设一处文化活动中心，服务范围为本规划区和产业转移工业园其他部分地区。A 区为商业用地，可根据需要配套相应的商业设施，加强引

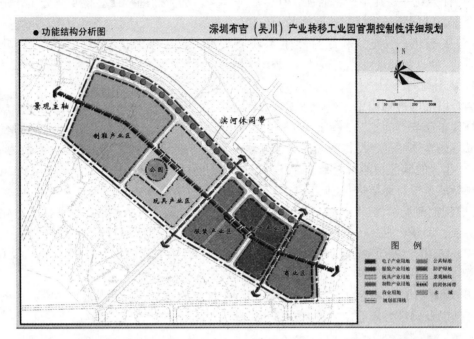

图 3-8　深圳布吉(吴川)产业转移工业园首期控制性详细规划功能结构分析图

导和管理,以便形成产业转移工业园乃至黄坡镇的商业中心。在地块 A-01-02 设一处社区服务中心,服务范围为本规划区和产业转移工业园其他部分地区。(见图 3-9)

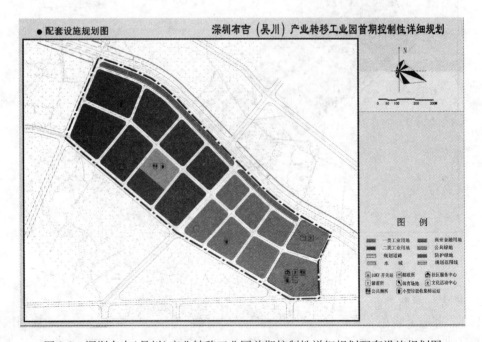

图 3-9　深圳布吉(吴川)产业转移工业园首期控制性详细规划配套设施规划图

（2）市政公用设施。布局 1 处邮政所，建筑面积为 $150m^2$；3 处 10kV 开关站，建筑面积为 $40m^2$/个；设 2 个公共厕所，建筑面积为 $50m^2$/个；4 个小型垃圾收集转运站，规模可根据实际需要设置。

（3）工业配套设施。可适当设置单身宿舍，性质仍然为工业用地，但建筑面积不得超过总建筑面积的 15%，必须独立占地，居住生活建筑与工业建筑之间的间距须按相关规定执行；同时工业用地内可建设生产辅助建筑等，但其总量不得超过总建筑面积的 15%，其中以本企业产品维修、展销、社会服务设施为主的建筑其建筑面积不得超过总建筑面积的 5%，其用地性质仍为工业用地，不得转为其他用地；可附设相应的服务设施，如职工食堂、小商店等。

【主要参考文献】

[1]于一丁，胡跃平．控制性详细规划控制方法与指标体系研究[J]．城市规划，2006（05）：44-47.

[2]梁伟．控制性详细规划中建设环境宜居度控制研究——以北京中心城为例[J]．城市规划，2006(05)：27-31.

[3]吴效军．结合城市设计编制控制性详细规划——湖州仁皇山新区规划编制与实施的跟踪分析[J]．规划师，2005(05)：65-68.

[4]赵守谅，陈婷婷．在经济分析的基础上编制控制性详细规划——从美国区划得到的启示[J]．国外城市规划，2006(01)：1-3.

[5]吴贤文．工业区控制性详细规划的控制和兼容[J]．规划师，2005(06)：80-81.

[6]吕慧芬．控制性详细规划实效性评价分析研究[D]．西安建筑科技大学，2005.

[7]令晓峰．控制性详细规划控制体系的适应性编制研究[D]．西安建筑科技大学，2007.

[8]于灏．控制性详细规划编制思路的探索[D]．清华大学，2007.

[9]段进．控制性详细规划：问题和应对[J]．城市规划，2008(12)：14-15.

[10]张泉．权威从何而来——控制性详细规划制定问题探讨[J]．城市规划，2008(02)：34-37.

3.4 实 验 作 业

3.4.1 实验一

江州市中心区滨江区块控制性详细规划

1. 概述

图示（见图 3-10）为某大城市新区中心的滨江区块地形示意图，区块四周均为已建成的城市主次干道，区块北面为城市快速路，宽度 60m，设计时速 70km/h；西面为城市次干道，宽度 24m；南面为不通航内河；东面为某通航河道，通航等级为Ⅳ级；18m 宽的滨江路和滨江绿化带即将建成，政府希望通过此区块的规划安排如下7个建设项目：五星级宾馆1座，写字楼3幢，会议中心1处，中学1所以及居住小区1个。

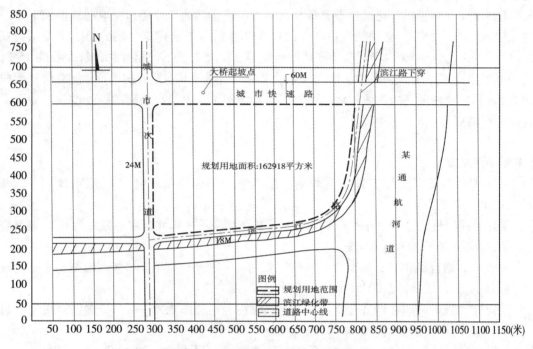

图 3-10   江州市中心区滨江区块现状图

2. 规划设计任务及要求

通过本课程设计作业，加深学生对城市中心区综合功能协调发展的辩证思考，加强学生对城市中心区控制性详细规划设计的重点有进一步的了解，并能更好地掌握控规设计相关理论知识。主要设计图纸包括：

(1)控制性详细规划总图。全面明确地表达各类规划用地的界线范围、规划用地的分类和性质、道路网布局等内容。

(2)平面布局概念性示意图。7个建设项目的平面形体布局安排、场地环境设计以及道路交通组织等。

(3)道路交通规划图。全面明确地表达道路走向、线形、横断面、道路中心线的控制点坐标以及停车场等其他交通设施位置等内容。

(4)城市设计意象图。内容涉及空间景观规划、沿街立面表现、整体空间鸟瞰或局部空间透视等。景观轴线、景观节点、开放空间、视觉走廊、建筑高度分区及天际线等。

(5)地块编号图。表示出地块的划分情况和编号，并作为地块分图则索引。

(6)地块分图则。以若干地块为单位，标明地块划分具体界线和地块编号，表示出地块划分、用地性质、建筑密度、容积率、建筑控制高度、绿地率、建筑后退、交通出入口方位、配套设施等各地块的各项控制指标表，图表对应，并附有简要的规划设计要点。地块分图则可任取地块绘制一张。

要求每个学生独立完成设计方案，并提交完整设计成果。设计说明书为 Word 文档，CAD 图保存为 2000 格式，彩图保存为 JPG 格式。

3.4.2　实验二

金桥高科技产业园区控制性详细规划

1. 综合说明

随着武汉市东西湖区"三区一园"（台商投资区、食品加工区、生态示范区和海峡两岸科技产业园）的快速发展，招商引资的力度逐步加大，投资环境进一步改善，园区的品牌效应日趋壮大，为了整合园区资源，形成聚合效应，培育特色园区，促进全区开放开发，特征地开发建设金桥高科技产业园区。本次规划拟将规划范围内的居民点全部拆迁，兴建以电子工业、生物工程、医药化工等为主的高科技产业园，并配套建设适当规模的居住区。规划范围：金桥高科技产业园区，北以金山大道红线为界，南至张公堤，东西宽约 1400m，南北长约 1600m，总占地面积约 2.1km² 。（见图 3-11）

图 3-11　武汉市金桥高科技产业园区现状图

园区位于武汉市东西湖区，紧临郊区中心，并通过位于园区北侧的金山大道（道路红线宽 60m）与城区相连。园区南边是一条高于基地约 8m 的大堤——张公堤，堤上建有一条红线宽 9m 的道路，与郊区中心相连。该园区区位优势明显，对外交通极为便利。但是，由于园区位于村镇用地范围内，除村镇居住用地外基本上以耕地农田为主，现状园区内目前只有一条机耕路贯穿南北，内部交通不便。现状园区用地中，工业用地几乎为零，除少量村镇居住用地外，主要是耕地、农田和水域。居住用地集中在园区中部，基本上是1~2层砖混建筑。园区西部有连片的鱼塘和池塘，另有零星分布的少量鱼塘。考虑到园区西部大面积的池塘地势较低，经常在汛期受洪涝影响。而且因其地基质量差，属于软土区的范围，规划时将其作为生态湿地予以保留，零星鱼塘则填土改造为建设用地。

2. 规划设计任务及要求

(1)设计说明书。主要包括现状分析、规划总则、总体布局与规划结构、土地利用规划、道路与交通规划、绿地与景观规划以及市政配套设施规划等。重点是土地利用规划(规划用地分类、构成与适建性要求，各项用地布局和地块编码等)、建设开发控制(建筑容量、建筑物高度、建筑间距、建筑物退让、建筑物形体与色彩、绿地率、地块的控制指标一览表等)、道路交通系统组织(道路网系统、交通辅助设施等)以及市政基础设施规划等。

(2)设计图纸。区位关系图、现状分析图、土地利用规划图、规划结构分析图、道路交通规划图、绿地与景观系统规划分析图、公建/市政设施布局规划图、地块编号图、地块分图则等。

以上图纸比例均为1∶1000，采用电脑绘图，所有图纸出图图幅均为A3，和文本装订在一起。要求每个学生独立完成设计方案。

第4章 居住区规划与设计实验

居住区规划是为满足居民在居住、休憩、教育养育、交往、健身甚至工作等活动的居住生活方面的需求，进行的科学、合理以及恰当的用地和空间安排。本课程是城市规划专业的一门实践性很强的专业课程。通过本课程的学习，促使学生初步掌握居住区规划设计的程序、内容、步骤和方法，培养学生的资料收集、调查分析、设计处理、表达意图能力，训练综合考虑问题的思维方法和规划设计的技能，综合规划居住小区内的住宅群、道路、公共服务设施和绿地等各种用地与设计处理。

4.1 实验目的

居住区规划与设计实验的目的是通过对先修课程有关知识的掌握和应用，培养锻炼学生综合分析和解决实际问题的能力，是培养城市规划、建筑设计、环境设计等领域人才的重要环节。其任务是使学生了解居住区空间形态组织的原则和基本方法，掌握居住区规划的步骤、相关规范与技术要求，使学生基本具备对建筑群体及外部空间环境的功能、造型、技术经济评价等方面分析、设计构思及设计意图表达的综合能力和专业素质。了解居住区规划建设的状况，增加感性认识，提高动手能力和从事实际工作的能力，为今后的工作打下良好基础。

（1）学习设计前期工作的主要内容和基础资料调研的工作方法。

（2）掌握城市修建性详细规划和场地设计的基本方法和步骤，学会规划设计方案的正确表达方法。

（3）较好地掌握居住区规划与设计的基本技能和规范，为将来从事规划设计及管理工作打好基础。

（4）将所学的居住区规划基本理论、基本知识与规划设计实践紧密结合，培养学生独立工作的能力。

（5）掌握城市规划中有关定额、指标的选用和计算方法。

（6）学习、理解并运用《城市居住区规划设计规范》和"无障碍设计"的有关规范。

（7）了解当前居住建筑发展实态及有关生态环境、可持续发展问题研究的全球性趋势。

4.2 实验方法

1. 实验准备

相机、电脑、手工绘图设备以及现状地形图，AutoCAD、Photoshop、湘源控规、

SketchUp 等软件。

2. 实验方法

实地踏勘、数据统计与分析、资料收集、案例分析以及计算机辅助设计法等。

4.3　实 验 案 例

4.3.1　实验一　淳安县"龙吟居"居住区规划设计

1. 项目概况

（1）地理位置。

该项目处于城中湖北岸淳安公路沿线，是由杭千高速下来后进入千岛湖镇的重要沿湖景观段。距老城中心约 4km，和城市联系紧密。

地块南临千岛湖大道，北依山体，并与千岛湖水库仅一路之隔，自然景观优越，交通便利（见图 4-1）。

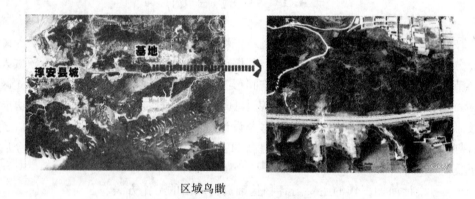

区域鸟瞰

图 4-1　区域位置图

（2）项目规模。

总用地面积 113463m²，规划控制容积率 0.7，拟建地上总建筑面积 79424m²，建筑密度小于 35%，绿地率大于 35%，东侧联排式住宅建筑高度控制 12m 以下，多层建筑高度控制在 24m 以下，高层建筑檐口高度控制在 50m 以下。多层建筑后退城中湖北路 15m 以上。高层建筑后退城中湖北路 30m 以上，建筑后退其他规划红线距离控制在 5m 以上，整体建筑高度依山势逐渐跌落。

2. 设计依据

（1）富城坞龙尖 1、2 号地块规划设计条件。

（2）富城坞龙尖地块规划设计方案初审意见。

（3）实测地形图（见图 4-2 和图 4-3）。

（4）国家和地方现行相关规范、法规和文件。

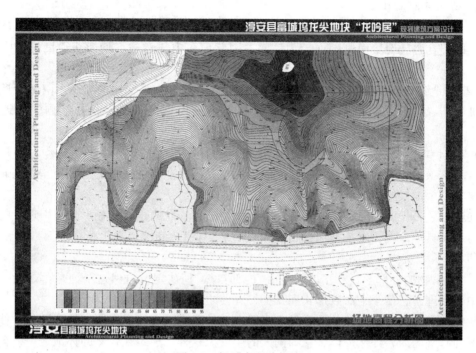

图 4-2　场地高程分析图

图 4-3　场地示意图

3. 场地评价

（1）场地优势。多数山体循序渐进，又层层退台，有利于住宅对山体的利用，从而形成较好的契合感。地块南侧湖面较为广阔，因此地块内任意一点均能获得良好的沿湖景观，形成一个较高品质的湖景小区。

（2）场地劣势。部分山体较为陡峭，不利于建筑的排布与交通的组织。南侧沿道路山体已被削切，影响到整个山体的形态。区块有部分山体形成凹谷，亦影响整片地块的形态。

4. 设计理念

针对本项目特有的地形地貌，我们的目标不仅仅是在一块空地上建房子，而是通过建造来重塑一个地块的物质、空间和文化含义。

在经历了漫长的寻寻觅觅之后，焦距似乎清晰了，轮廓也逐渐显形，即用现代的语言写就传统。具体地说，就是把项目归结为八个字"有机、和谐、文化、品质"。

（1）有机之筑。

"一切事物的外部形式和发展都是由'内部自然'所决定，自然这个词是存在于一切事物之中的原理，它赋予生命以形式和特征，并使之活着"。

我们努力使住房与宅地的关系发生了根本性的改变。立体的多层次的花园几乎伸入到起居室的心脏。内外浑然一体，就如同人的生命。这样，建筑在自然的怀抱之中，自然则进入了建筑。

（2）和谐之筑。

规划的灵感来自于当地依山而建的群落建筑，是山地就让它有高有低。在设计中安排前座建筑只高出后面道路一层，顺着山势，不做太多的土方平整，半地下室安排用作车库和辅助用房，把入口和客厅放到楼上去，这样一来主要功能用房就避开了前座建筑的遮挡，还能减少道路对它们的影响，更重要的这种台阶型布局不仅在外形上与基地结合更贴切，而且也产生了更好的室内外空间配对。

有机建筑的存在建立了一条将传统自然与现代城市链接的纽带。山、水、树、房子在这条纽带上和谐存在。

（3）文化之筑。

强调地域文化内在的感召力，而非单纯的区域文化符号，在当代全球化的语境下，符号已无地域的界限，作为一种可选用的形式语言和文化符号的中国化，并非与它所处的地域文化有着强烈的对应关系。对于不断发展演进的地域建筑文化，基于对基地区域的认识。希望项目能映衬该地块山水柔性之美，并且通过实践，用当代性去提炼文化，体现传统地域文化的内涵！让建筑沁出一种精神——是中国的，也是世界的，但骨子里它更是属于这一片山水的。

小区南面沿街处，为美化场地以及满足小区及城市商业需求，设置了一条沿街商业，传统元素符号的运用，以及丰富的空间构成，充分满足人们购物的高品位体验需求。

深色的单坡顶与素色的外墙基调，分明在告诉你这是江南的色彩主调。

在用料方面，汲取了当地民居的精髓，大量采用木、石、砖这些最原始的材料，它们的古朴与玻璃轻钢白墙等语言形成强烈的对比，从另一个角度带出当地民风中的坚韧和宽容。

低调质朴的自然材质将宅邸完美融合在林木山色之中，实现"天、地、宅、人"合而为一的居住理想。

(4)品质之筑。

针对坡地建筑的特点，顺应山的走势布局建筑，采取进户先进院的理念，让前院花园成为户内外的缓冲空间，同时通过这种阶梯入户空间，强化建筑与坡地的和谐力，创造丰富的入户体验。

"让每一套房，每一扇朝南的窗户都能看见清澈的湖水"是本项目设计的精髓。

一幢好的住宅，不仅仅是取决于拥有较多的面积和拥有较多的房间，而取决于它能否提供一个家庭内部情感交流的场所。根据现代人的生活特点，将客厅两层通高的客厅放置于家庭的核心位置，不仅便于观赏南露台内景和远眺湖景，与二层餐厅厨房的直接对话更促进了家庭内部的情感交流。

设置采光通风井道，利用拔风效应解决地下室通风问题，并采用合适进深，优化采光通风方案，全方位呵护业主健康生活。

宽敞的阳台使主人可以随心所欲地亲近自然，浓郁苍翠的园区环境，使城市的喧嚣与浮躁渐去渐远，心底慢慢浸入清澈的宁静。

5. 规划设计

强调居住环境与自然的亲和，实现规划-建筑-景观整合交融。

本项目以中心景观绿地来组织小区总体布局，功能结构清晰，具有良好的空间尺度。采取点、线结合的景观规划手法，创造一种开放，沟通的景观环境。用景观划分链接南面沿街商业区块、西面高层区块、东面排屋区块三个功能区块。实现规划—建筑—景观的整合交融。规划总平面图如图4-4所示。

住区交通系统采用有组织人车分流的规划思想。现代居住小区中，机动车的引入不仅对步行造成干扰，而且限制了景观空间的形态。园区沿南面城中湖北路设置园区主入口，和一个园区次入口。西面高层区域机动车通过车行出入口直接进入地下室，真正做到人车分流。在西面高层区域，利用场地原有高差做满铺地下室，将高层区域内部地面抬高，从而形成纯粹的步行系统，同时也赋予聚落空间的形态设计以最大的自由。中心绿地则指引着步行者回家的路，景观式消防环道环绕整个高层区，多数家居和公共场所保持适宜的步行距离。友好的步行街道设计有利于形成宜人的街道景观和园区生活，提高社区的品质，减少人们的心理压力，增加亲切感。

东面排屋区域，顺应山形设置车行系统与慢跑晨练系统，并结合景观于南北向建筑山墙间设置慢步步行系统，方便业主步行回家。创造多样性的空间层次，以及健康性景观小区环境，积极倡导在居住区总体规划中引入特色风格景观元素，丰富人们回家及慢步休闲的空间体验。

西面高层区集中的中心花园与东面排屋的线性立体绿化共同构成全园区和谐生态的元素。环境绿化资源分散至家家户户，达到每户住宅开门见景，出门入园。视觉的延伸在宅间、路旁、水系间跳跃，形成多层次、多变化的效果。在回家的路上，无处不在的景观，形成一幅幅优美的画卷使每一次顾盼都成为美的游历。

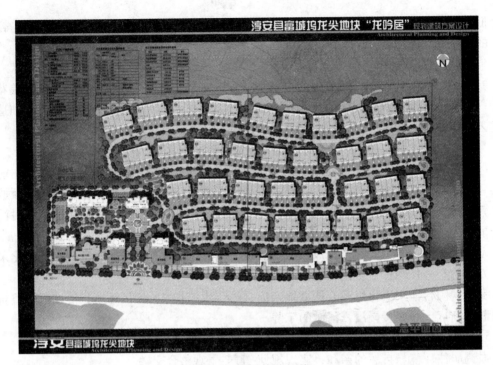

图 4-4　规划总平面图

（1）道路交通规划设计。

本居住区交通系统采用有组织人车分流的规划思想。其遵循以下原则：

①进入住宅区后步行通路与汽车通路在空间上分开，设置步行路与车行路两个独立的路网系统。

②车行路应分级明确，可采取围绕住宅区或住宅群落布置的方式，并以枝状尽端路或环状尽端路的形式伸入到各住户或住宅单元背面的入口。

③在车行路周围或尽端应设置适当数量的住户停车位，在尽端型车行路的尽端应设置回车场地。

④步行路应该贯穿于住宅区内部，将绿地、户外活动场地、公共服务设施串联起来，并伸入到各住户或住宅单元正面入口，起到连接住宅院落、住家私院和住户起居室的作用。

图 4-5 为龙吟居的交通分析图，主要分为园区内部主要道路、消防车道、园区山路步行栈道和商业步行系统。由园区内部主要道路将整个住区串联起来，山路步行栈道将内部绿地、户外活动场地、公共服务设施串联起来，形成一个整体。

（2）户外环境景观规划设计。

户外环境景观包括软质景观和硬质景观两大类。其中，软质景观以植物配置与种植布局为主要内容，硬质景观包括地坪、地面铺装和环境小品设施。

居住区绿地规划原则：

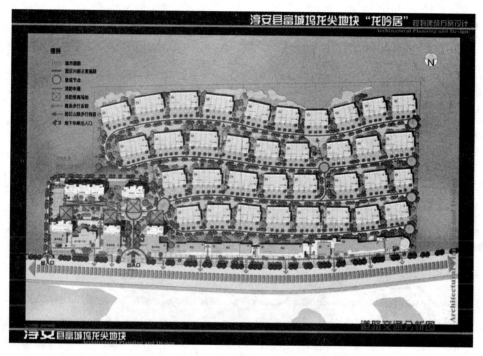

图 4-5 交通分析图

①统一布局，系统规划；

②以人为本，设计为人；

③绿地为主，小品点缀；

④利用为主，适当改造；

⑤突出特色，强调风格；

⑥功能实用，经济合理。

图 4-6、4-7 分别为龙吟居的景观分析图和景观示意图。区内主要由入口景观、高层中心景观、二级景观和楼栋之间的景观节点组成。再加上区外的山体自然景观和千岛湖湖景，交相呼应，形成一个美丽的整体。

（3）功能结构设计。

龙吟居的规划中，分为联排住宅区、高层住宅区、特色商业区、集中商业及附属用房区和幼儿园五个功能区（见图 4-8）。在功能区规划设计中，小区南面沿街处，为美化场地以及满足小区及城市商业需求，设置了一条沿街商业，充分满足人们购物的高品位体验需求，商业区布置在小区的南面，面向城市主干道，人流量大，区位较好。联排住宅区和高层住宅区分布在商业区的后面，保证了住户的私密性。小区幼儿园位于高层住宅和集中商业及附属用房区之间，同时，它也面向城市主干道，使之不只为区内服务，也为区外服务，布局合理。

（4）竖向规划设计。

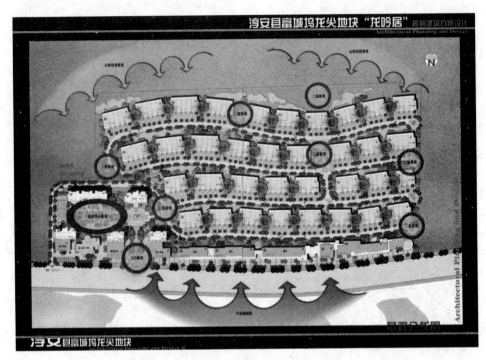

图 4-6　景观分析图

图 4-7　景观意向图

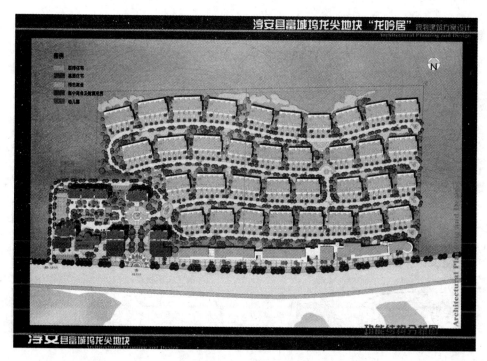

图 4-8　功能结构分析图

进行居住区的竖向规划，应遵循下列原则：

①合理利用地形、地貌，尽量减少土石方工程量，力争减低土石方工程费用；

②满足排水管线的埋设要求；

③有利于建筑物的布置和空间环境设计；

④满足各种场地坡度，防止洪、涝灾害；

⑤避免土壤冲刷，防止水土流失；

⑥对外联系道路标高与城市道路标高要妥善衔接。

如图 4-9 和图 4-10 所示，龙吟居区内竖向规划设计合理地利用了地形，整体建筑高度依山势逐渐跌落，配合其景观形成一片错落有致的美丽景象。

（5）日照分析。

住宅日照是指居室内获得太阳的直接照射。国际《城市居住区规划设计规范》中根据我国不同的气候分区规定了相应的日照标准，同时还要求一套住房中必须有一间主要居室满足日照标准。

如图 4-11 所示，龙吟居的前后住宅距离满足日照标准。

（6）综合管线规划设计。

居住区内的配套管线主要有给水管、污水管、雨水管、燃气管电力电缆、电信电缆等6种，北方地区还有热力管线。

居住区内各类管线的设置应符合下列规定：

图 4-9　竖向分析图

图 4-10　场地断面分析示意图

图 4-11　日照分析图

①必须与城市管线衔接。

②应根据各类管线的不同特性和设置要求综合布置。

③宜采用地下敷设的方式。

④应考虑不影响建筑物安全和防止管线受腐蚀、沉陷、震动及重压。

⑤各种管线的埋设顺序应符合下列规定。

a. 离建筑物的水平排序，由近及远宜为电力管线或电信管线、燃气管、热力管、给水管、雨水管、污水管。

b. 各类管线的垂直排序，由浅入深宜为电信管线、热力管、小于 10kV 电力电缆、大于 10kV 电力电缆、燃气管、给水管、雨水管，污水管。

⑥电力电缆与电信管缆宜远离，并按照电力电缆在道路东侧或南侧、电信管缆在道路西侧或北侧的原则布置。

⑦管线之间遇到矛盾时，应按下列原则处理。

a. 临时管线避让永久管线；

b. 小管线避让大管线；

c. 压力管线避让重力自流管线；

d. 可弯曲管线避让不可弯曲管线。

⑧地下管线不宜横穿公共绿地和庭院绿地。

如图 4-12 所示为龙吟居的综合管线分析图。

（7）户型平面设计。

居住区规划中，户型平面设计要求住宅户型灵活，根据要求做到大、中、小户型结合。

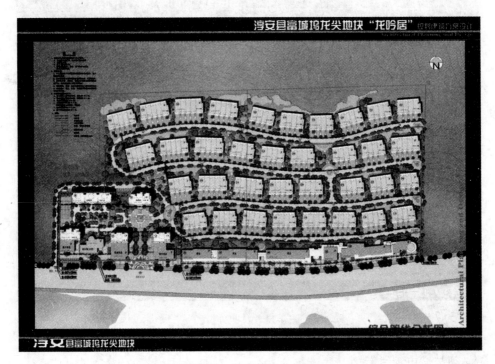

图 4-12　综合管线分析图

　　龙吟居方案的户型平面设计中，建筑朝向除考虑南向外，还尽量争取较好景观，在房间尺度及使用功能上精雕细刻，是其最大限度上满足业主的居住需求。

　　每个单元建筑体型简洁，确保功能房间形状舒适好用，公共空间与私密空间没有相互干扰，交通流畅，起居厅与餐厅，厨房空间配置紧密协调，并设有入口的过渡空间。所有卧室都有直接采光，并保证住宅日照的要求。

　　排屋户型建筑面积以 220～280m² 为主。高层户型建筑面积以 130～180m² 为主。主力户型为三房二厅二卫，中心园区景观良好位置放置了部分跃层户型，套型为三房二厅二卫。户型设计合理，朝向均为南北向。景观、通风日照等因素考虑周全。居室、卧室、厨房、餐厅，卫生间均进行了全明设计。奇偶层露台的设计，使套型更加合理，舒适，经济。龙吟居户型图如图 4-13 和图 4-14 所示。

　　(8)效果图。

　　龙吟居鸟瞰图、湖面视点透视图、亮灯工程效果图、沿街特色商业透视图、小区透视图、主入口透视图如图 4-15～4-20 所示。

　　(9)经济技术指标

　　龙吟居主要经济技术指标，社区设备用房、配套用房及管理服务设施配套表见表 4-1和表 4-2。

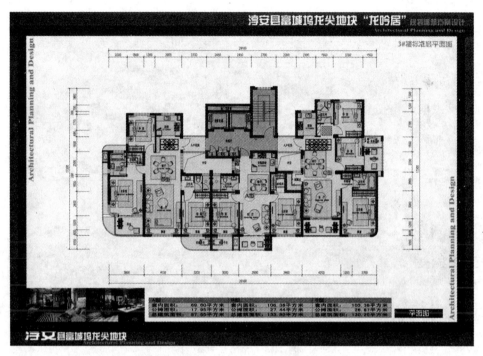

图 4-13　88m² 、134m² 、130m² 户型图

图 4-14　277m² 户型图

图 4-15　龙吟居鸟瞰图

图 4-16　湖面视点透视图

图 4-17　亮灯工程效果图

图 4-18　沿街特色商业透视图

图 4-19　小区透视图

图 4-20　主入口透视图

表 4-1 龙吟居主要经济技术指标

1. 总用地面积	113463m²
2. 总建筑面积	109332.8m²
其中：（1）地上总建筑面积	79424m²
a. 排屋建筑面积	36229.5m²
b. 高层住宅建筑面积	28793.46m²
c. 商业建筑面积	12260.04m²
d. 配套公建面积（裙房） （含社区用房、物业办公、物业经营用房、公厕、幼儿园等）	2141m²
（2）地下部分	29908.8m²
a. 高层住宅地下室	9388m²
b. 排屋地下室	20520.8m²
3. 容积率	0.7
4. 绿地率	35%
5. 建筑密度	30%
6. 总户数	357 户
7. 机动车总停车位	523 辆
其中	地面停车数	24 辆
	集中地下车库停车数	201 辆
	排屋地下车库停车数	298 辆
8. 非机动车停车数	760 辆
9. 人防面积（高层主楼落地面积 1951m²）	4027m²

表 4-2 社区设备用房、配套用房及管理服务设施配套表

项 目	数 量	备 注
物业经营用房	318m²	2#公寓裙房
物业管理用房	239m²	3#公寓裙房
社区管理用房	102m²	3#公寓裙房
公厕	54m²	2#公寓裙房
幼儿园	1353m²	地下室
电信机房	20m²	地下室
有线电视机房	25m²	地下室
消防水池及泵房	252 吨	地下室
生活水泵房	73m²	地下室
消控中心	53m²	地下室
变配电间（两间）	272m²	
开闭所	75m²	1#公寓裙房

4.3.2 实验二 住宅区规划设计方案评析

某居住组团已建成入住(见图 4-21)。

请指出该居住组团规划在环境、交通及安全方面存在的主要问题。

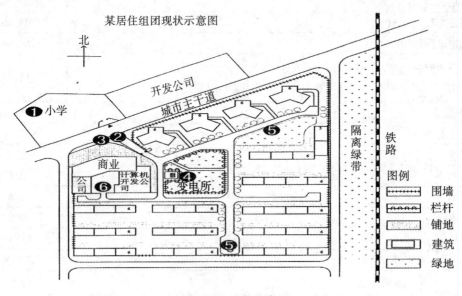

图 4-21 现状示意图

参考答案:

(1)小学在城市主干道另一侧,学生上学不方便。

(2)组团出入口开在主干道上,影响交通和安全。

(3)组团出入口距两侧道路交叉口太近且仅有一个出入口。

(4)变电所位置不合理,对环境有影响。

(5)没有停车场地。

(6)商业及公司的机动车出入口不应开在宅前小路上(或小区路)。

【主要参考文献】

[1]惠劼,张倩,王芳编著. 城市住区规划设计概论[M]. 北京:化学工业出版社,2006.

[2]白德懋[编写]. 居住区规划与环境设计[M]. 北京:中国建筑工业出版社,1993.

[3]周俭编著. 城市住宅区规划原理[M]. 上海:同济大学出版社,1999.

[4]马永俊,何平,胡希军,张艳明. 新城市主义与现代住区规划[J]. 城市问题,2006 (08):31-33.

[5]孙施文等. 开展具有中国特色的住区规划—以上海市为例[J]. 城市规划汇刊,2001 (6):16-18.

[6]史宝忠等. 可持续发展的人类住区与环境保护[J]. 西安建筑科技大学学报,1998

（4）：316-319.

[7] 叶迎君. 居住区规划中的城市设计观 [J]. 住宅科技，2000(08)：67-70.

[8] 刘艳梅. 论居住区规划的概念设计 [J]. 建筑科学，2009(04)：123-126.

[9] 周继红. 居住区规划设计方法初探 [J]. 中外建筑，2008(07)：39-43.

[10] 刘树森. 可持续居住区规划设计方法 [J]. 城市住宅，2009(02)：78-83.

4.4　实　验　作　业

4.4.1　实验一　南京市某居住地块规划设计

1. 用地概况

本项目位于南京市河西新城区。东临顺驰滨江奥城及奥体中心、南临梦都大街及滨江公园，西接滨江大道、南京绿博园及长江，北靠上新河中学（见图 4-22）。

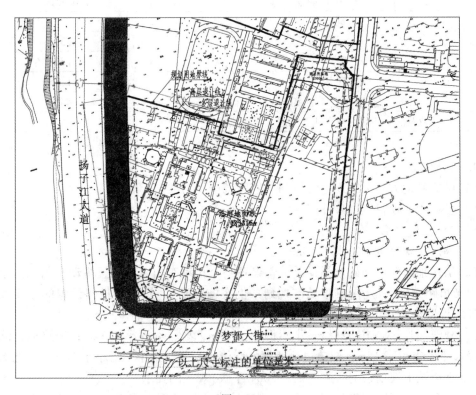

图 4-22

2. 关于项目客户定位的初步分析

（1）高端客户特征。

①有多套房产的老南京人，从奋斗走向享受。

②在南京奋斗多年，成为南京各阶层精英。

③有南京情节，与南京有密切商务往来的生意人。

④外企在南京工作的管理层。

⑤需要彰显身份的标签和与之匹配的圈层归属的所有生活、奋斗在南京的精英人士。

（2）90m² 以下小户型客户特征。

①25~35 岁，都市新锐，首次置业，功能紧凑，总价敏感，同时需预留房子"成长"的空间。

②30~35 岁，都市新富或新贵，改善为主，因为多数拥有一名年幼子女，因此产品需求功能齐全实用，追求高性价比。

3. 主要技术经济指标

主要技术经济指标如表 4-3 所示。

表 4-3　　　　　　　　　　　　主要技术经济指标

项　　目	数　　量
总用地面积	7.08331hm²
建筑容积率	2.4
建筑密度	≤30%
绿地率	≥35%
建筑间距系数	1.35
90m² 及以下的套型面积所占比例	45%
商业及配套建筑面积占地上总建筑面积比例	10%

4. 设计依据

（1）国家和地方有关的规范法规和文件及城市规划准则。

（2）梦都 188 项目地块条件图。

5. 规划控制要求

（1）高层建筑高度不得大于 60m。

（2）沿用地东侧，南侧规划道路可各设置一个机动车出入口，且机动车出入口距相邻道路交叉口距离应满足《南京市城市规划条例实施细则》。沿城市道路设置的主要人行出入口处应设置港湾式出租车停车泊位。

（3）建筑退让东侧道路红线最小不得小于 10m，高层不得小于 12m；道路退让北侧道路红线最小不得小于 15m；建筑退让西侧，南侧规划绿线最小不得小于 10m；其他退让应符合《南京市城市规划条例实施细则》（2007 年版）规定的要求。

（4）规划建筑间距应满足现行的《南京市城市规划条例实施细则》和《江苏省城市规划管理技术规定》的相关规定要求。

（5）规划多层建筑、小高层住宅之间必须满足 1:1.35 的间距要求，且不得小于 15m。

（6）高层建筑与被遮挡住宅及中学教室的建筑间距应该满足日照要求，且应当符合最小的间距要求。

（7）应配建用地面积的 2500m² 派出所一处，建筑面积与用地面积均单独计算，不包含于总指标中。

6. 总规划原则

(1)注意把规划建筑和自然环境有机融合在一起。

(2)充分利用地形，做好外部环境设计和竖向设计。

(3)注重产品定位，居住理念及形态上的创新与突破，塑造地标形象。

(4)区域内统一规划布局，注意项目整体性，联动性的塑造。

(5)尽量合理利用景观生态元素与沿江的优势。

(6)注重社区内部空间环境以及新邻里关系的营造。

(7)沿用地东侧城市道路应布置连续的便民商业和配套服务设施，沿用地南侧也可布置商业。

7. 单位造型设计原则

(1)建筑风格力求创新，体现现代风格与新城区现代化特征。

(2)户型配比。90m² 以下户型面积占综合住宅面积 45%，120m² 以上户型面积占综合住宅面积 55%。

8. 住宅户型设计原则

(1)以创新的手法实现空间及价值的增长点；

(2)单体设计能够保证规划的实施性；

(3)适当多样化以适应不同人群需要；

(4)90m² 以下户型重点"偷面积"，"灰空间"；

(5)120m² 以上户型重点研究户型创新。

9. 商业配套设计原则

(1)考虑后续招商模式及策略。

(2)尽量减少商业对小区环境的影响。

(3)考虑道路交通情况对商业的影响。

(4)会所交易面积不宜少于 2000m²，可结合地下部分综合设计。

(5)会所功能包括物业管理中心，管家中心，便利店，有用健身区域(恒温泳池、器械、网球、壁球、桌球等)，娱乐休闲区域(面向金融、证券界人士而设立的早餐聚会、咖啡、雪茄吧、私人 party、放映厅、电玩、儿童娱乐与托管、高级美容 spa 等)。

(6)一所派出所，建筑面积 1500m²，占地面积 2500m²。

10. 设计成果要求

(1)设计成果应侧重于设计构思，内涵和存在矛盾解决方案的表达，具有可实现性。

(2)内容包括但不限于以下内容。

①设计说明；

②总平面图；

③主要经济技术指标(包括建筑分项明细表，住宅户型比)；

④典型单体平，立面图(住宅，商业)；

⑤与周边环境的分析图，交通分析图，景观分析图，功能结构分析图等各种分析图；

⑥表达设计意图的透视效果图或模型；

（3）提交文件。

①ppt 汇报文件；

②包含所有设计成果的电子文件；

③方案文本一本，统一装订为 A3 规格，装帧形式不限。

4.4.2　实验二　住宅区规划设计方案评析

图为我国南方某市近郊的一块多边形用地，面积约 80hm²，周边为已建城市主、次干路。按照分区规划的要求，应将其规划为一个可容纳 40 万人左右、分设为三个居住小区的居住小区，并附设城市公共加油站一处（用地面积为 1200m²）（见图 4-23）。

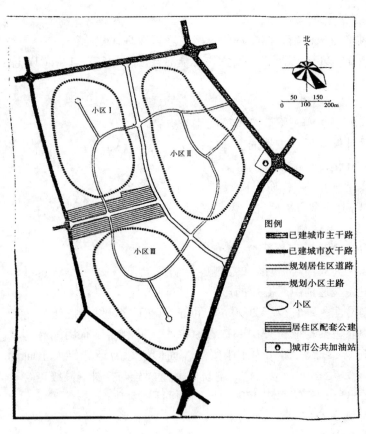

图 4-23

规划设计人员提出了如图所示的居住区和小区主路的路网结构规划方案及城市公共加油站的选址。试评优缺点并完成改进的路网结构设计方案。（提示不涉及道路宽度、断面型式和转弯半径）

作业完成时间为 1 周，成果要求以 * . doc 报告形式。

第5章　城市道路与交通规划实验

通过对城市道路与交通现状的调查，思考城市道路与交通建设的成功经验与失败教训，从而提高认识问题、分析问题和解决问题的能力，同时通过参与道路设计、交通规划，使理论学习与实践紧密结合，提高学生对本课程学习的积极性和主动性。城市道路与交通作为城市发展过程中不可回避的重要问题，学生运用知识分析和解决道路和交通问题有助于提高对城市总体规划、控制性详细规划和修建性详细规划等各层面的把握，更好地完成城市规划，推动城市可持续发展。

5.1　实验目的

5.1.1　实验一　城市中心区公共建筑配建停车场(库)调研

(1)通过实地调研，了解不同类型公共建筑配建停车场的规模、出入口位置和数量要求；

(2)通过绘制停车场平面图，加深对停车方式、车位尺寸的了解；

(3)通过绘制机动车与人行流线图掌握停车场与外界联系的方式；

(4)通过认知停车场内的设施与标识，分析当前存在的问题并提出初步的改进对策。

5.1.2　实验二　城市道路横断面及路段交通量调研

随着城市化进程的加速，我国各城市道路建设已进入高速发展与不断完善的时期，因此与之相适应的，为路网规划、建设、管理服务的交通调查便显得越来越重要。交通调查的目的在于通过长期连续性观测或短期间歇性和临时性观测，搜集交通量资料，了解交通量在时间、空间上的变化规律和分布规律，为交通规划、道路建设、交通控制与管理、工程经济分析等提供必要的数据。

(1)通过对若干条不同区位、不同等级的城市道路以断面形式进行调查与分析，掌握道路断面的组成部分，包括人行道、非机动车道、机动车道、分隔带等部分。

(2)通过统计各路段的交通量，结合通行能力的计算，分析判断道路的设计是否满足交通需求，针对不合理的设计提出相应的改进措施。

5.1.3　实验三　城市道路交叉口调研

交通拥堵已成为困扰我国城市社会生活和经济发展的重要问题。要处理好城市道路交叉口的行人、自行车和机动车交通这个看似很小，实则非常关键的问题，首先必须发现问题的表象，然后由表及里地进行分析和阐述，才能最终找到问题的根源和解决问题的途径和方法。本调研旨在让学生通过亲身调研城市中的典型交叉口，对机动车、非机动车、行人的流量、流向进行记录、统计与分析，结合信号灯设计与相关设施的布局，分析交叉口运行的合理性，并针对现存问题提出初步的调整或解决策略，将所学的道路交叉口相关理论知识运用于实践之中。

5.1.4　实验四　城市居民出行特征调查

为获得城市居民出行的时间、空间、方式、目的分布等特征数据，需进行居民出行特征的调查，获取这些数据并经整理后，用来分析居民出行与年龄结构、职业结构、城市社会经济与土地利用发展的相互关系，从而掌握居民对城市交通状况的满意程度和交通发展的要求，为制定城市交通政策和交通规划方案提供定量参考依据，为建立交通预测模型提供技术参数。

(1)通过对居民家庭人口、交通工具拥有等情况的调查获取居民家庭的基本资料；

(2)通过对年龄、性别、职业、收入、居住地等情况的调查获取城市居民的基本资料；

(3)通过对起讫点、出行时间、出行距离、出行方式选择等情况的调查获取城市居民每次出行的资料；

(4)通过了解居民在使用各种交通工具出行时存在的问题与意愿、对城市交通政策的理解与反馈等情况，获取城市居民出行意愿的资料；

(5)通过统计与分析以上基础数据，提出初步的城市交通现存问题和未来发展要点。

5.1.5　实验五　城市公共交通调查

为了解公交设施和客运需求的现状，掌握城镇的居民利用公交出行的状况和水平，需要对城市公共交通进行调查，通过调查弄清公交线网上乘客分布规律，确定各公交线路的乘客平均乘距、平均出行时耗、公交车辆的满载率等，为未来城市综合交通规划，建立居民出行量与公交线路与车辆数之间的换算关系奠定坚实基础。本调查主要针对常规公交进行。

(1)通过调查城市历年常规公交的线路条数、线路长度、年客运量、运营车数、年运营里程、运营单位成本和利润等指标，掌握公共交通历年运营指标等基本情况，作为未来公共交通规划的基础数据；

(2)通过调查各条公交线路的起讫点、站点、走向、配车数量、发车频率和线路长度等了解公交线网的基本特征，为未来规划延伸、缩线、改线等提供基础资料；

(3)通过调查公交首末站、公交枢纽站、公交停靠站、公交停车保养厂、公交修理厂等设施，了解这些设施在城市中的分布情况，为城市总体规划的制定或修编提供基础资料；

(4)通过跟车调查，了解某条公交线路上下客人数，从而了解乘客的平均乘距，用于判断公交线路的走向与长度是否合理。

5.1.6　实验六　城市公共交通枢纽核心区道路设计与交通衔接规划

随着 TOD(公共交通引导城市发展)在越来越多的城市规划中得以实践,城市公共交通换乘枢纽(尤其是有轨道交通车站的公共交通换乘枢纽)在城市用地结构中占有极其重要的地位,枢纽站规划需使换乘客流流向明确,通道畅通,换乘便捷。

轨道交通、公共汽车、出租车、私家车、自行车和步行等不同交通方式的无缝衔接对于交通组织的高效及对地块发展的引导极其重要。本实验以城市中的公共交通枢纽核心区为对象,旨在重点研究枢纽站点周边各类交通换乘设施的一体化布局及交通设施与周边建筑的有机结合,促进交通与用地规划设计一体化。

5.2　实验方法

1. 实验准备

(1)笔、纸、记录板、5m 卷尺、照相机、录音笔、计时器、对讲机等。

(2)Word、Excel、PowerPoint、AutoCAD、Photoshop、Google Earth 等软件。

2. 实验方法

实地测量、现场观察、调查问卷、个别访谈、单位访谈、跟车调查、数据统计、资料收集、案例分析等。

5.3　实验案例

5.3.1　实验一　上海宜家家居商场地下配建停车库调研

(1)区位分析。宜家家居商场位于上海市徐汇区漕溪路 126 号,邻近地铁一号线上海体育馆站和三号线漕溪路车站,有 20 余条公交线路在此附近设站,毗邻沪闵高架路,交通可达性高,出行便利,见图 5-1。

(2)概况。商场占地 2.5 万 m²,拥有固定车位 600 个。整个停车场通过颜色进行合理分区,标志醒目,并备有完善的基础设施。

(3)测量并绘制地下停车库的总平面图,见图 5-2。

(4)测量并绘制相邻柱子之间的车位详图,见图 5-3。

(5)分析停车库内部的机动车与行人流线,见图 5-4,其中浅色为机动车流线,深色为人行流线。

(6)对停车库内部的设施进行认知与分析,包括柱网分析、照明设施、无障碍设施、排水设施、排烟设施、入口指示牌、悬挂及地面标识、其他人性化设施等,见图 5-5～图 5-8。

(7)对停车库使用者进行问卷调查,并对管理人员进行个别访谈,以更好地了解停车场的运营与管理情况,了解使用者的感受、满意程度和意见(见图 5-9),并根据所学的道路交通相关知识,提出现存问题及改进建议。

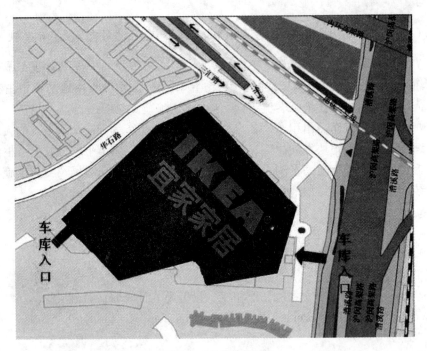

图 5-1　区位分析图

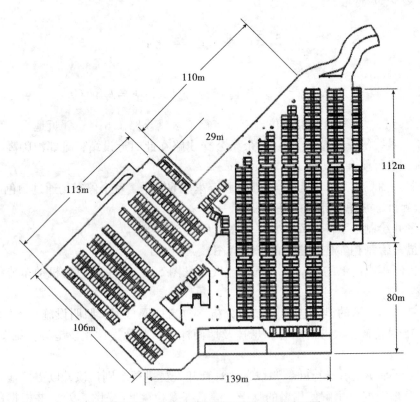

图 5-2　上海宜家家居地下车库总平面图

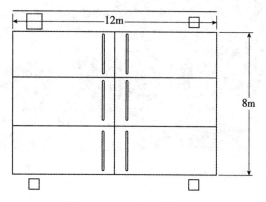

图 5-3 地下车库车位详图

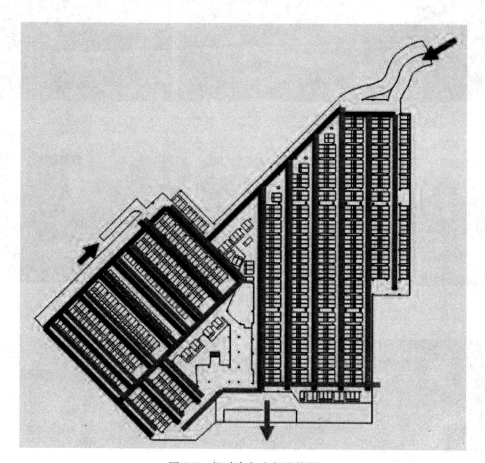

图 5-4 机动车与人行流线图

图 5-5　停车库内部设施 Ⅰ ——有色柱网、残疾人专用车位、照明系统

图 5-6　停车库内部设施 Ⅱ ——排水设施、排烟设施、人性化设施之反光镜

图 5-7　停车库内部设施 Ⅲ ——车库内部、外部及入口处的指示标志

图 5-8　停车库内部设施 Ⅳ ——热感应器、警铃、消防栓、逃生通道、烟感应器等设施

停车库调查问卷

调研时间：_____

一、调研对象基本信息：

1) 年龄：　　A. 20~30 岁；B. 30~40 岁；C. 40~50 岁；D. 50 岁以上
2) 月收入水平：A. 1500 元以下；B. 1500~3000 元；C. 3000 元以上
3) 到宜家的频率：A. 1 次/周；B. 1 次/月；C. 1 次/季度；D. 1 次/年
4) 自己家有车否：_____
5) 如果有：车型是什么：_____
6) 到宜家的交通方式：A. 自己驾车；B. 地铁；C. 公交；D. 步行

二、停车库调研情况：

1) 主要停车的地点：A. 路边；B. 地下；C. 地下停车位
2) 停车场标识是否易于识别：A. 易识别；B. 较易识别；C. 难识别
3) 停车位与卖场入口的距离：A. 较远；B. 一般；C. 很近
4) 停车位的数量满意情况：A. 满意；B. 一般；C. 不满意
5) 停车库出入口的明显程度：A. 较明显；B. 一般；C. 较隐蔽
6) 停车库内部倒车方便情况：A. 方便；B. 一般；C. 不方便
7) 停车收费情况满意情况：A. 满意；B. 一般；C. 不满意
8) 停车库收费情况满意情况：A. 满意；B. 一般；C. 不满意
9) 费用为多少：_____元/小时
10) 对于停车库安全情况：A. 满意；B. 一般；C. 不满意

周边交通状况：

1) 附近的交通通畅性满意程度：A. 满意；B. 一般；C. 不满意
2) 公共交通设施满意程度：A. 满意；B. 一般；C. 不满意

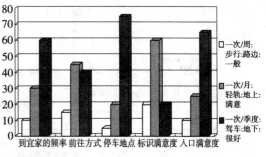

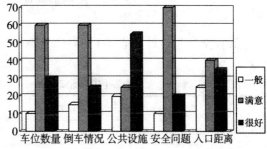

图 5-9　问卷调查及相关反馈信息

从实地考察及问卷反馈来看，宜家家居地下停车库存在如下问题：

(1) 标识较为明显但一些特殊人群的停车位使用率不高；

(2) 部分车位离卖场入口较远；

(3) 停车库内人车混行问题较严重，流线略显混乱；

(4) 大型车辆的停车位较少。

在可能的情况下应针对以上问题进行相应的改造，具体措施略。

5.3.2　实验二　上海黄兴路(松花江路至国权路段)道路断面及交通量调研

1. 区位分析

本调查路段是上海市杨浦区的黄兴路(中山北二路与国权路之间路段)。黄兴路是上海市杨浦区的一条南北向主干路，北面连接上海城市副中心之一的五角场，南面连接跨越黄浦江的主要通道之一——杨浦大桥。该路属于四幅路，中间用绿化隔离带分隔，平均交叉口间距为800~1200m，每天来往于该路段的车辆类型多样，交通流量较大。(见图5-10)

2. 绘制道路横断面图

道路名称：黄兴路(中山北二路至国权路段)

3. 路段交通量的观察与统计

(1) 日期：2004 年 10 月 13 日

(2) 断面形式：四幅路

(3) 天气：多云

(4) 观测者：×××

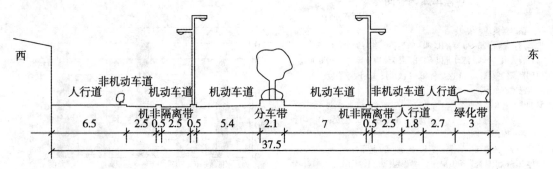

图 5-10　调查路段（黄兴路）道路横断面图（单位：m）

路段交通量统计见表 5-1。

表 5-1　　　　　黄兴路（中山北二路——国权路段）15 分钟交通量一览表

		车流：由北向南				车流：由南向北			
		观测时间				观测时间			
		9：41—9：46	9：46—9：51	9：51—9：56	总计	10：04—10：09	10：09—10：14	10：14—10：19	总计
大型车	客	0	0	0	0	0	0	0	0
	货	0	0	1	1	1	1	1	3
中型车	客	8	9	7	24	11	9	12	32
	货	5	2	3	11	5	4	2	11
小型车	客	122	109	114	345	95	84	87	266
	货	8	10	10	28	6	6	7	19
摩托车		6	9	7	22	4	8	3	15
自行车		66	59	58	183	56	52	50	158
其他非机动车		2	0	1	3	3	2	0	5

注：中型客车指单节公交车，8 人以上客车；大型客车指铰接公交车；大型货车指半挂车、拖挂车；时间以 5min 为 1 组，共调查 3 组。

4. 路段通行能力计算与核查

以车流量总计值较大的方向（由北向南）为例，

（1）换算交通量。

调查路段属于城市主干路，根据"以小型车为标准的路段车种换算系数"，把各种车辆换算成小型汽车，计算过程如下：

小型客车：345×1×4＝1380（pcu/h）

小型货车：28×1.37×4＝154（pcu/h）

中型客车：24×1.5×4＝144（pcu/h）

中型货车：11×1.37×4＝61（pcu/h）

大型货车：1×1.5×4＝6（pcu/h）

摩托车： 22×0.5×4＝44（pcu/h）

合计：1789 pcu/h

（2）计算可能通行能力。

利用牌照法对区间车速进行实地调查，发现该路段的车速约为 40km/h，查"按实测不同车速下车头时距计算可能通行能力"表得，车头时距 2.20s，则一条车道的可能通行能力 $N＝3600/t＝3600/2.20＝1636pcu/h$

（3）计算设计通行能力。

查阅"机动车道的道路分类系数"表得，主干路的道路分类系数为 0.80，根据 $v＝30km/h$ 和调查所得的交叉口平均间距为 0.8km，查表"交叉口折减系数"表得，交叉口折减系数为 0.63，则 $N_i＝N×0.8×0.63＝1636×0.8×0.63＝824pcu/h$

（4）估计单向车道数。

$n＝Q/N_i＝1789/824＝2.17$，取整，定为 3 车道。

（5）复算通行能力。

单向三车道，则中间车道通行能力为靠近中线车道的 0.85，最靠外侧车道通行能力为靠近中线车道的 0.79，则单向三车道的通行能力为

$$N＝824×（1+0.85+0.79）＝2175>1789$$

实际通行能力大于交通量，说明能满足要求。

（6）计算服务水平。

1789/2175＝0.82，属于稳定流范围。

5. 对非标准型道路断面的补充说明

东侧人行道设计的合理性：该路段东侧的人行道总宽度为 4.5m，现状是将这 4.5m 宽分成 1.8m 和 2.7m 两个宽度设置含有高差的两条人行道并赋予不同铺地，这样的做法是成功的。两个区域起到了分隔人行道的功能的作用，靠近机动车道的人行道供在公交车站上等车的人行走，而另一侧则是让行人快速通过的步行道。这一设计有效地避免了两类行人的混行，提高了人行道的通过能力（见图 5-11）。

西侧道路随交通量增加的改造：在道路的西侧的三条车道中，靠中间分车带的内侧两条车道和外侧的一条车道是由类似于机非分车带进行划分的。根据笔者长期居住在该地区的观察，原先此分车带是分隔机动车和非机动车的，即西侧路段是两车道，在黄兴路（国权路南侧 200m 处）设置公交港湾式停车站。现考虑交通流量的增大，需要拓宽机动车道，于是将原来的非机动车道向外移出 2.5m，加出一条车道，与原先的港湾式停靠站的车道拉平，该路段就成为了单向三车道，符合现今的交通流量。而非机动车道则占用了原先的人行道的一部分，如今形成了 2.5m 双车道标准的非机动车道（见图 5-12）。

6. 现状问题与对策初探

在调查所在路段的东侧有一个大润发大型超市，超市停车场的入口就在调查路段（黄兴路）上。调查过程中，我们发现靠近超市侧的交通流明显比另一侧复杂。与此同时在入

图 5-11 调查路段(黄兴路)东侧人行道设计

图 5-12 调查路段(黄兴路)西侧道路改造

口边设有公交站点,车辆众多,变道严重,加重了这里的混乱状况。建议将超市的主入口前的道路进行展宽设计,引导车流进入超市停车场。据调查,道路拓宽的可能性很大,该处人行道与绿化带的宽度之和大于6m。另外,公交站点不宜设在道路交叉口进口道,如必须设置于此应尽量采取港湾式停靠方式,而非占用一条车道。

5.3.3 实验三 上海大连路——周家嘴路交叉口调研

1. 区位分析

大连路——周家嘴路交叉口是上海城区东北部地面交通系统的重要节点,如图 5-13所示。周家嘴路是上海市中心城区"三横"主干道中的一条,是杨浦区连接城市中心区的重要道路，大连路是连接杨浦区和浦东新区的重要通道之一。两条主干道交叉口车道数量较多，汇集了大量车流，交通情况较为复杂。

图 5-13　交叉口影像图

2. 交叉口总平面的测量

通过实地勘测以及 Google Earth 地图，绘制大连路与周家嘴路交叉口的平面图，如图 5-14 所示。道路基本尺寸如下：

（1）北侧大连路路口总宽 36.6m；机动车进口道 5 条，其中左转 1 条，直行 3 条，右转 1 条；机动车出口道 3 条。

（2）南侧大连路路口总宽 36.4m；机动车进口道 5 条，其中左转 2 条，直行 2 条，直右 1 条；机动车出口道 3 条。

（3）西侧周家嘴路路口总宽 38m；机动车进口道 6 条，其中左转 2 条，直行 2 条，右转 2 条；机动车出口道 3 条。

（4）东侧周家嘴路路口总宽 38m；机动车进口道 6 条，其中左转 2 条，直行 3 条，右转 1 条；机动车出口道 3 条。

3. 交叉口展宽分析

（1）大连路（北侧）。减少机动车道右侧的人行道宽度以增加一条车道，展宽长度为 70m，并利用中央分隔向左偏移 3m，形成一条左转专用道，展宽长度为 70m；

（2）周家嘴路（东侧）。利用中线偏移 3m，占用对向车道的方法，形成一条左转专用道。展宽长度为 70m。

交叉口展宽示意图如图 5-15 所示。

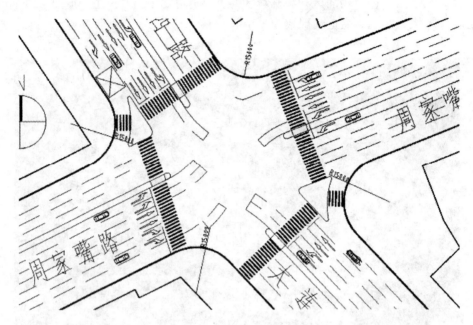

图 5-14　交叉口总平面图

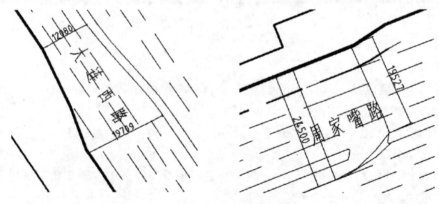

图 5-15　交叉口展宽示意图

4. 交叉口交通设施及标识分析

对交叉口各类交通设施和标识进行调查，并绘制成图，如图 5-16 所示。

5. 交叉口交通信号灯设置

调查表明，大连路通过设置导向岛，使右转车辆不受信号灯限制，仅设置了左转和直行的信号灯，绿信比为 40%。周家嘴路则对左转、直行、右转均设置了信号灯，绿信比为 67%。

本交叉口共有 4 个相位，分别为相位 1：南北直行、南向东右转、北向西右转开放路权，共计 35s；相位 2：南向西左转、北向东左转、南向东右转、北向西右转、东向北右转、西向南右转开放路权，共计 35s；相位 3：东西直行、南向东右转、北向西右转开放

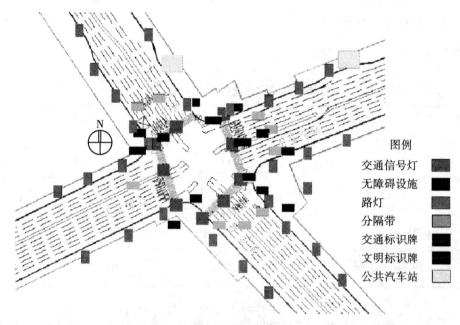

图 5-16　交叉口交通设施与标识布局图

路权，共计 50s；相位 4：西向北左转、东向南左转、南向东右转、北向西右转开放路权，共计 30s。因此，整个信号灯周期为 150s。

6. 交叉口交通流量流向统计

(1) 观察日期：2006 年 12 月 15 日；

(2) 观察时间：16：30~17：30；

(3) 调查方式：人工计数法。

首先对多个周期各种交通方式在交叉口出口道的流量流向进行反复调查，取其平均值，并将以上调查所获得的各种类型的汽车折合成当量小汽车(pcu)，可得折合后的交通流量统计表，如表 5-2 所示。

表 5-2　　　　　　　　　　　　交叉口出口道交通流量统计表(pcu/h)

	左转	直行	右转
大连路北侧	1080	3960	1320
大连路南侧	1840	5280	1600
周家嘴路东侧	1600	4480	1240
周家嘴路西侧	1520	4400	1520

接着对多个周期各种交通方式在交叉口进口道的流量进行反复调查,取其平均值,并将以上调查所获得的各种类型的汽车折合成当量小汽车(pcu),可得折合后的交通流量统计表,如表5-3所示。

表 5-3　　　　　　　　　　交叉口进口道交通流量统计表(pcu/h)

	合流当量汽车量
大连路北侧	8380
大连路南侧	7160
周家嘴路东侧	7060
周家嘴路西侧	7840

最后将调查的交叉口的进、出口道的流量加以整合,绘制成交叉口流量流向图,如图5-17所示。

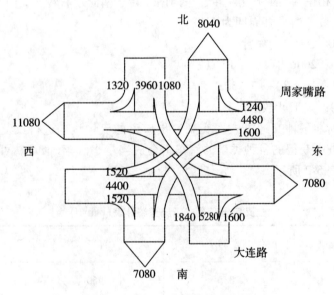

图 5-17　交叉口交通流量流向图

7. 交叉口设计通行能力的计算

取 $T_{首}=2.3\mathrm{s}$, $T_{间隔}=2.5\mathrm{s}$, $\alpha_{直}=0.9\mathrm{s}$, $t_{黄}=5\mathrm{s}$

(1)计算大连路北侧路口通行能力。

$N_{直} = 3600/T_{周} \times \alpha_{直} \times [(t_{绿} - t_{首})/t_{间隔} + 1] = 3600/150 \times 0.9 \times [(30 - 2.3)/2.5 + 1] = 260.9\text{pcu/h}$

$N_{面左右} = 3 \times 260.9/62.26\% = 1257.1\text{pcu/h}$

（2）计算大连路南侧路口通行能力。

$N_{直} = 3600/T_{周} \times \alpha_{直} \times [(t_{绿} - t_{首})/t_{间隔} + 1] = 3600/150 \times 0.9 \times [(30 - 2.3)/2.5 + 1] = 260.9\text{pcu/h}$

$N_{直右} = N_{直} = 260.9\text{pcu/h}$

$N_{面左} = \sum N_{直右}/(1 - P_{左}) = 260.9 \times 3/(1 - 21.1\%) = 992\text{pcu/h}$

（3）计算周家嘴路西侧路口通行能力。

$N_{直} = 3600/T_{周} \times \alpha_{直} \times [(t_{绿} - t_{首})/t_{间隔} + 1] = 3600/150 \times 0.9 \times [(45 - 2.3)/2.5 + 1] = 390.5\text{pcu/h}$

$N_{面左右} = \sum N_{直}/(1 - P_{左} - P_{右}) = 390.5 \times 2/59.14\% = 1320.5\text{pcu/h}$

（4）计算周家嘴路东侧路口通行能力。

$N_{直} = 3600/T_{周} \times \alpha_{直} \times [(t_{绿} - t_{首})/t_{间隔} + 1] = 3600/150 \times 0.9 \times [(45 - 2.3)/2.5 + 1] = 390.5\text{pcu/h}$

$N_{面左右} = \sum N_{直}/(1 - P_{左} - P_{右}) = 390.5 \times 2/61.2\% = 1276.1\text{pcu/h}$

由于在一个信号周期内，各相位都单独分配时间给左转车辆行驶，因此不存在直行与左转车的干扰问题，不必折减。

（5）计算交叉口通行能力。

$$\sum N = 1257.1 + 992 + 1320.5 + 1276.1 = 4845.7\text{pcu/h}$$

结论：调研路口属于有信号灯管理的两条主干路相交路口，查表得设计通行能力推荐值为 4400~5000pcu/h。经计算，该交叉口通行能力为 4845pcu/h，在推荐值之内。根据多日观察，该交叉口通行基本畅通，未出现严重拥堵，相关设施配置与设计基本合理。

5.3.4　实验四　长沙市居民出行特征与出行意愿调查

首先需明确调查目的，并相应地制定城市居民出行调查表，一般分为家庭及个人信息表、出行意愿调查表、个人出行信息表三张表格。

2007 年 11 月至 12 月，由长沙市规划管理局、国家统计局长沙城市调查队、长沙市统计局组织对长沙市 2000 户居民家庭进行入户调查，调查其周二至周四任一天 00：00：00—24：00：00 的出行情况；由长沙市规划管理局、长沙市教育局组织对长沙市 8 所小学和 10 所中学各年级学生抽样调查其出行情况。下面以该次调查为例，展示居民出行调查表的具体内容。

以下 3 张分别是长沙市居民出行调查表中的①家庭及个人信息表、②意愿调查表，③个人出行信息表。

长沙市城市居民出行调查表（一）——家庭及个人信息表

表 号：	1 表
制表机关：	长沙市规划局
批准机关：	长沙市统计局
文 号：	长统函〔2007〕10 号
有效期至：	2007 年 12 月

尊敬的长沙市民：

您好！为编制《长沙市城市道路交通年度报告-2007》，为长沙市交通规划、建设和决策提供基础数据，特开展居民出行调查。请您将调查日前一天（即 24 小时）的出行情况如实告诉我们。您对调查问题的回答，我们将依照法律规定，予以保密。感谢您的合作！

长沙市规划局

二〇〇七年十一月

1. 家庭基本信息（家庭编号：□-□□-□□-□□）　户主姓名：

家庭地址	区	街道（乡镇）	社区	栋	号	联系电话		
全部家庭成员人数	人	6~70岁成员数	人	6岁以下成员数	人	70岁以上成员数	人	应调查人数（说明1） 人
家庭在使用的交通工具	小汽车 辆	摩托车及燃油助力车 辆	电动车 辆	自 行 车	其他：	车 辆		
家庭未来 3 年将购买何种交通工具（限选 2 项）	①自行车 ②电动车 ③燃油助力车 ④摩托车 ⑤私人小汽车 ⑥暂无购买计划							

2. 6~70 岁家庭成员个人基本信息

家庭成员编号	性别		长沙市区户口		年龄情况（说明2）		职业情况（说明2）		上班/上学地址			公交IC卡		机动车驾照	
	男	女	是	否	年龄	代码	职业	代码				有	无	有	无
1（户主）	1	2	1	2					区 街/路 号			1	2	1	2
2（成员）	1	2	1	2					区 街/路 号			1	2	1	2
3（成员）	1	2	1	2					区 街/路 号			1	2	1	2
4（成员）	1	2	1	2					区 街/路 号			1	2	1	2
5（成员）	1	2	1	2					区 街/路 号			1	2	1	2
6（成员）	1	2	1	2					区 街/路 号			1	2	1	2
7（成员）	1	2	1	2					区 街/路 号			1	2	1	2
8（成员）	1	2	1	2					区 街/路 号			1	2	1	2

填表说明：1. 应调查人数只包括至调查日在本住址连续居住 3 个月以上的 6~70 岁居民
2. 年龄及代码：(1)6~14 岁　(2)15~19 岁　(3)20~24 岁　(4)25~29 岁　(5)30~39 岁　(6)40~49 岁　(7)50~59 岁 (8)60~70 岁
3. 职业及代码：(1)工人　(2)农民　(3)公务员　(4)中小学生　(5)大中专院校学生　(6)服务业人员　(7)教育、研究人员　(8)医疗卫生人员　(9)管理、技术人员　(10)个体劳动者　(11)军警人员　(12)离退休人员 (13)家庭主妇　(14)无业　(15)其他

调查员：_____　调查日期：2007 年_____月_____日　审核员：_____

长沙市城市居民出行调查表（二）——意愿调查表

1. 您经常使用的交通方式是（选 2 项）：
①步行（全程）
②自行车
③摩托车及燃油助力车
④电动自行车
⑤公共汽车
⑥单位班车
⑦公务车
⑧出租车
⑨私人汽车
⑩其他

2. 选择上述交通方式的原因是（限选 2 项）：
①准时
②省时
③经济
④舒适
⑤体力原因
⑥无其他选择
⑦其他

3. 您认为长沙市道路交通存在的最大问题是（限选 3 项）：
①步行环境差
②非机动车行驶空间受限
③交通意识薄弱
④公交优势不突出
⑤道路设施不足
⑥停车设施不足
⑦交通频繁堵塞

4. 您认为改善目前长沙市客运状况应大力发展（限选 2 项）：
①公交车
②出租车
③小汽车
④地铁/轻轨
⑤中巴

5. 您认为目前长沙市公交存在的主要问题是（限选 3 项）：
①车内太挤
②车厢环境差
③行车不准时
④等车时间太长
⑤票价太高
⑥服务态度差
⑦线路绕行距离过远
⑧附近没有合适的公交线路
⑨其他

6. 您认为现阶段下列哪项措施能明显改善长沙市交通状况（限选 2 项）：
①加强道路设施建设
②修建高架桥
③增加过河桥梁、隧道
④发展轨道交通
⑤优先发展公交
⑥改善停车设施和管理

调查员：_____　调查日期：2007 年_____月_____日　审核员：_____

长沙市城市居民出行调查表(三)——个人出行信息表

| 家庭编号 | □-□□-□□-□□ | 户主姓名 | | 住址 | | 区　街道(乡/镇)　社区　栋　号 | | 联系电话 | |

本人一日出行详细记录:(2007年___月__00:00:00-24:00:00)

| 家庭成员编号 | □-□□-□□-□□ | 调查日(出行记录日)内有无出行 | □1.有　□2.无 | 无出行的原因 | □1.病假　□2.事假　□3.外地出差　□4.其他 |

出行次序	出行目的: (依次将序号填在空格内) (1)上班 (2)上学 (3)回家 (4)公务 (5)回单位 (6)购物 (7)文娱体育 (8)探亲访友 (9)散步休闲 (10)看病 (11)其他(在栏内注明)	出发地名称及代码 出发地名称:(依次写在空格内) 1.在长沙市区的: (1)家庭住址填"家"; (2)学位/单位地址填"学校/单位"; (3)其余地址填写:"__区__街/路__(地点),并补充周围公共建筑"; 2.长沙以外地点,填写大地名如:浏阳;	目的地名称及代码 目的地名称:(依次写在空格内) 1.在长沙市区的: (1)家庭住址填"家"; (2)学校/单位地址填"学校/单位"; (3)其余地址填写:"__区__街/路__(地点)并补充周围公共建筑"; 2.长沙以外地点,填写大地名如:浏阳;	出发地代码 (数据录入人员填写)	目的地代码 (数据录入人员填写)	每次出行出发时刻(24时制) 时:分	每次出行到达时刻(24时制) 时:分	依次填写一次出行所采用的交通方式								乘坐公共汽车候车时间	小汽车停放在
								1		2		3		4			
								交通方式(依次将序号填在空格内)(1)步行(2)自行车(3)摩托车(4)电动车(5)公共汽车(6)单位班车(7)出租车(8)小汽车(9)其他	所用时间(分钟)	交通方式(依次将序号填在空格内)(1)步行(2)自行车(3)摩托车(4)电动车(5)公共汽车(6)单位班车(7)出租车(8)小汽车(9)其他	所用时间(分钟)	交通方式(依次将序号填在空格内)(1)步行(2)自行车(3)摩托车(4)电动车(5)公共汽车(6)单位班车(7)出租车(8)小汽车(9)其他	所用时间(分钟)	交通方式(依次将序号填在空格内)(1)步行(2)自行车(3)摩托车(4)电动车(5)公共汽车(6)单位班车(7)出租车(8)小汽车(9)其他	所用时间(分钟)	第一次等车时间(分钟)　第二次等车时间(分钟)	(依次将序号填在空格内)①建停车位②咪表停车③公共停车场④人行道内画线⑤路内画线⑥其他
1						时:分	时:分										
2						时:分	时:分										
3						时:分	时:分										
4						时:分	时:分										
5						时:分	时:分										
6						时:分	时:分										
7						时:分	时:分										
8						时:分	时:分										
9						时:分	时:分										
10						时:分	时:分										
11						时:分	时:分										

填表说明:1.本表每户6岁(含6岁)至70岁成员每人1张,由家庭成员口述,调查员填写;

2.一次出行:是指以上班、下班、购物等为单一目的的,从出发地到目的地的全过程。要求出行距离超过300米,出行时间超过5分钟,且占用城市道路。

调查员:_____　调查时间:2007年___月___日___时___分—___时___分　审核员:_____

5.3.5　实验五　长沙市公共交通调研

(1)了解该城市的公共交通概况。

以长沙市为例,目前共有湖南巴士股份有限公司、湖南龙骧巴士有限责任公司等9家从事公交运营服务的公司,拥有营运线路120条,线路总长度2071.9km,营运车辆3359标台,公交从业人员9683人,日客运量254.55万人次,公交出行分担率为34.17%左右。

全市拥有公交停车场25个,停车面积165810m²;设置公交中途停靠站1953个,其中港湾式停靠站94个,占市区公交停车站的4.81%;在金星路、芙蓉南路、万家丽路、岳麓大道、湘府路、蔡锷路、车站路、中山路、解放路、西湖路/城南路、五一大道等11条道路已设置公交专用车道67.1km。

(2)走访公共交通、公安交警等部门,统计填写公共交通历年运营指标调查表,如表5-4所示。

表 5-4　　　　　　　　　　　公共交通历年运营指标调查表

年份	线路条数（条）	线路长度（km）	年客运量（万人次）	运营车数				年运营里程（万车 km）	运营单位成本（元/千车 km）	利润（万元）
				单机	铰接	双层	中巴			

（3）针对问题比较突出的几条线路，集中进行随车调查，记录公交站点的位置、发车间隔、各站上下车人数、到发时间以及路线上的受阻情况。该调查需在平峰期和高峰期多次进行，具体数据计入表 5-5。

表 5-5　　　　　　　　　　公共交通线路跟车调查表

公交线路：＿＿＿＿　　行车方向（上/下行）：＿＿＿　　调查日期：＿＿＿　天气：＿＿＿

调查人：＿＿＿

站名	序号	到站时间	离站时间	上客人数	下客人数	受阻记录
	1					
	2					
	3					
	...					
	N					

5.3.6　实验六　南京地铁 2 号线仙林中心车站核心区道路断面与交通衔接规划设计

南京地铁 2 号线（含东延线）已开通运营，加强各站点的交通换乘衔接、科学规划各种换乘设施用地的要求迫切。根据交通需求预测，规划要求设置 6 条公交线路车站，其中 5 条为首末站线路，1 条为过境线路（中间站）。小汽车停车位需设置 400 个，其中 60 个必须位于地面，其他可位于地下或停车楼。自行车停车位需设置普通自行车停车位 200 个和公共自行车租车站至少 1 处。

图 5-18 为仙林中心车站核心区的 Google Earth 影像图，图 5-19 和图 5-20 分别为仙林中心地铁站的平面图和剖面图。

首先对现状道路交通进行分析。仙林中心车站核心区现状主要为公交场站、小汽车停

图 5-18　仙林中心车站核心区影像图

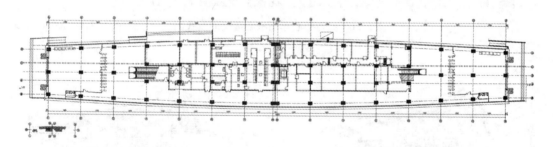

图 5-19　仙林中心车站平面图

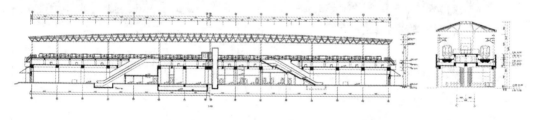

图 5-20　仙林中心车站剖面图

车区及自行车停车区。目前共有 4 条公交线路，公共汽车与小汽车共用 1 个出入口，车站出入口处已有公共自行车租车点。南侧为主干路仙林大道，西侧为次干路学海路（道路中央隔离带为未来地铁 8 号线预留线位与施工场地），北侧为支路杉湖东路。现状交通流线分析图如图 5-21 所示。

　　本车站核心区交通规划采用公交优先、立体分层的无缝换乘和上盖物业开发的理念，旨在达到换乘流线清晰、换乘距离最小化，以及交通枢纽与场站商业开发一体化的目标。具体的各种换乘方式之间的分层衔接关系及换乘距离量化数据见图 5-22 ~ 图 5-29。

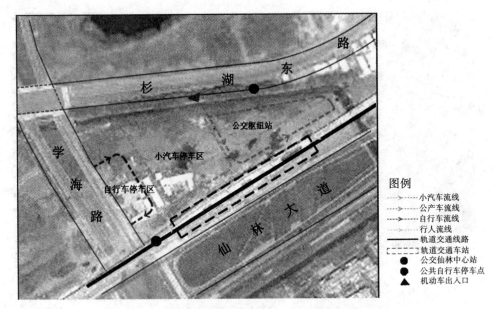

图 5-21　仙林中心车站核心区交通流线图

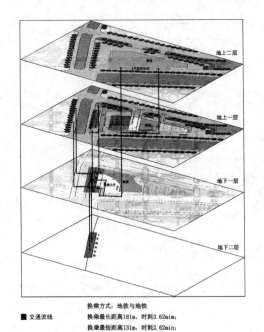

图 5-22　地铁与地铁换乘流线

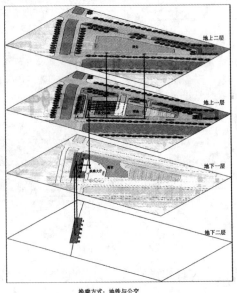

图 5-23　地铁与公交换乘流线

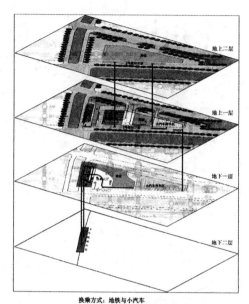

■ 交通流线　　　换乘方式：地铁与小汽车
　　　　　　　换乘最长距离280m，时耗5.6mim；
　　　　　　　换乘最短距离44m，时耗0.88min；
　　　　　　　换乘平均距离162m，平均时耗3.24min.

图 5-24　地铁与小汽车换乘流线

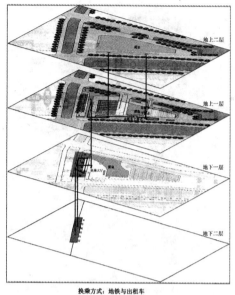

■ 交通流线　　　换乘方式：地铁与出租车
　　　　　　　换乘最长距离248m，时耗4.96mim；
　　　　　　　换乘最短距离80m，时耗1.6min；
　　　　　　　换乘平均距离164m，平均时耗3.28min.

图 5-25　地铁与出租车换乘流线

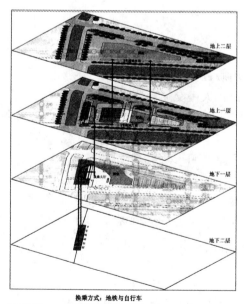

■ 交通流线　　　换乘方式：地铁与自行车
　　　　　　　换乘最长距离188m，时耗3.76mim；
　　　　　　　换乘最短距离52m，时耗1.04min；
　　　　　　　换乘平均距离120m，平均时耗2.4min.

图 5-26　地铁与自行车换乘流线

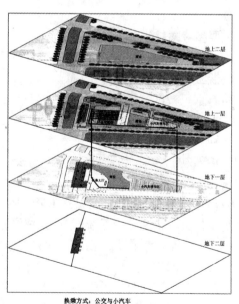

■ 交通流线　　　换乘方式：公交与小汽车
　　　　　　　换乘最长距离275m，时耗5.5mim；
　　　　　　　换乘最短距离147m，时耗2.94min；
　　　　　　　换乘平均距离211m，平均时耗4.22min.

图 5-27　公交与小汽车换乘流线

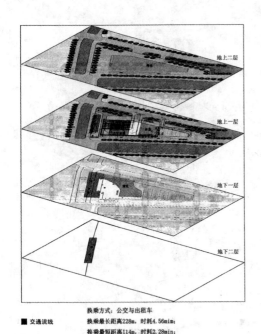

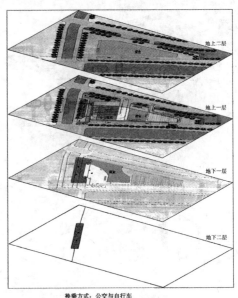

图 5-28 公交与出租车换乘流线

图 5-29 公交与自行车换乘流线

【主要参考文献】

[1]翟忠民.道路交通组织优化[M].北京：人民交通出版社，2004.

[2]裴玉龙.道路交通安全[M].北京：人民交通出版社，2004.

[3]石京.城市道路交通规划设计与运用[M].北京：人民交通出版社，2006.

[4]徐循初,汤宇卿.城市道路与交通规划（上册）[M].北京：中国建筑工业出版社，2005.

[5]徐循初,黄建中.城市道路与交通规划（下册）[M].北京：中国建筑工业出版社，2007.

[6]徐家钰,程家驹.道路工程(第二版)[M].上海：同济大学出版社，2004.

[7]王亿方.快速公交系统规划方法研究[D].南京：东南大学，2005.

[8]全永燊,刘小明,杨涛.路在何方：解析城市交通[M].北京：中国城市出版社，2002.

[9]刘运通.道路交通安全指南[M].北京：人民交通出版社，2004.

[10]中国公路学会《交通工程手册》编委会.交通工程手册[M].北京：人民交通出版社，2001.

5.4　实　验　作　业

5.4.1　实验一

请选择你所在城市中心区的某一个公共建筑(如大型百货商场、超市、酒店、办公楼等),对其配建停车场(库)进行调研,调研的主要成果内容如下:

(1)区位分析(包括周边路段的基本情况);

(2)停车场(库)的规模、出入口数量、出入口位置;

(3)车位的尺寸、停车方式(需绘制停车场各层平面图);

(4)停车场(库)内部机动车与人行流线;

(5)停车场(库)内部设施与标识;

(6)现存问题分析与改进对策初探。

作业完成时间为 1 周,成果要求以 *.doc 形式和 *.ppt 形式各一份提交。

5.4.2　实验二

请选择你所在城市的两条不同等级或不同功能的城市道路,分析其横断面形式及特点,并在高峰期和平峰期统计其交通量,结合通行能力的计算,判断该道路是否满足交通需求,并对设计不合理之处提出问题和改进对策。

调研的主要成果内容如下:

(1)道路路段区位分析;

(2)道路路段平面图;

(3)道路横断面图;

(4)道路交通量统计表;

(5)道路通行能力的计算及服务水平的评价;

(6)其他相应的文字分析与说明。

作业完成时间为 1 周,成果要求以 *.doc 形式和 *.ppt 形式各一份提交。

5.4.3　实验三

请选择你所在城市的一个典型交叉口,在早晚高峰期和平峰期分别进行调研,记录交叉口的机动车、非机动车的流量流向,并结合通行能力的计算和对道路交叉口相关设施的分析,判断该交叉口的设计是否满足交通需求,并对设计不合理之处提出问题和改进对策。

调研的主要内容如下:

(1)交叉口区位分析;

(2)交叉口总平面图、交叉口背景资料(文字说明);

(3)交叉口机动车流量流向表、流量流向图;

(4)交叉口非机动车流量流向表、流量流向图；

(5)信号灯相位及周期；

(6)机动车设计通行能力的计算、视距三角形检验；

(7)道路与交通设施布局分析；

(8)交叉口问题分析与解决对策。

作业完成时间为 2 周，成果要求以 *.doc 形式和 *.ppt 形式各一份提交。

5.4.4 实验四

请选择你所在的城市某片区，选择 50 个以上的家庭，进行居民出行情况的调查，完成该城市的居民出行特征调查表和居民出行意愿调查表，并进行统计分析，总结该城市某片区现状出行特征，并分析可能存在的交通问题。

调研的主要成果内容如下：

(1)调查区域的说明与分析；

(2)该城市片区的居民家庭及个人信息统计表；

(3)该城市片区的居民出行信息调查统计表；

(4)该城市片区的居民出行意愿调查统计表；

(5)对该城市片区居民出行特征的总结与分析；

(6)其他相应的文字说明。

作业完成时间为 3 周，成果要求以 *.doc 形式和 *.ppt 形式各一份提交。

5.4.5 实验五

请对你所在城市的公共交通历年运营指标、城市公共交通设施进行调研，并选择其中的 1~2 条线路进行跟车调查(分别在高峰期和平峰期，工作日和节假日进行)，并分析公交线路的走向、线路长度、发车间隔等是否合理，若不合理，给出初步的改进意见。

调研的主要内容如下：

(1)城市公共交通的基本情况；

(2)公共交通历年运营指标调查表；

(3)城市公共交通设施分布图；

(4)公交站点跟车调查(上下客人数)表；

(5)其他相应的文字分析与说明。

作业完成时间为 1 周，成果要求以 *.doc 形式和 *.ppt 形式各一份提交。

5.4.6 实验六

请以南京地铁 2 号线与 15 号线换乘站——经天路车站为例，结合现状土地利用分析图(见图 5-30)和现状道路交通分析图(见图 5-31)，以及经天路车站的建筑平面与剖面图(见图 5-32 和图 5-33)进行道路设计与交通衔接规划。根据交通需求预测，经天路车站核心区需设置 7000m² 的公交首末站一处和 4 条线路的公交港湾式停靠站(中间站)、400 个小汽车停车位、1600 个非机动车存车位、若干出租车停靠站和公共自行车租车点一处。
本规划设计的主要成果内容要求如下：

　1. 道路设计部分

　(1)地块周边道路的平面图，1：1000～1：1500(与"换乘设施布局总平面"同图绘制)；

　(2)地块周边道路的横断面图，1：200～1：500；

　(3)地块周边道路的等级分析图，比例不限。

　2. 交通枢纽规划部分

　(1)轨道交通车站核心区交通换乘设施布局总平面图，1：1000～1：1500；

　(2)轨道交通车站核心区各种交通换乘关系分析图(分层绘制)，比例不限。

　3. 文字说明部分

　(1)轨道交通车站核心区的换乘设计理念与思路；

　(2)各种交通方式换乘的最长距离、最短距离、平均距离与换乘时耗。

　注：成果制作采用手绘或机绘均可；图纸大小为 A1，版式可自由设计；图纸右下角
注明班级、姓名、学号。

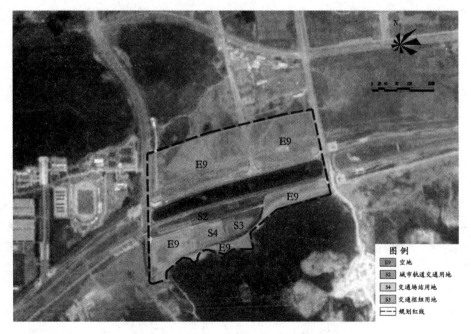

图 5-30　经天路车站核心区土地使用现状

　作业完成时间为 2 周，成果要求以 ＊.jpg 文件和 A1 图纸手绘或打印稿各一份提交。

图 5-31　经天路车站核心区道路交通现状分析图

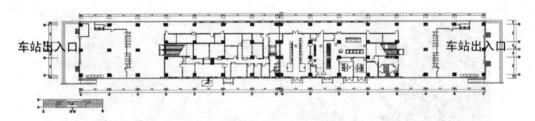

图 5-32　经天路车站平面图

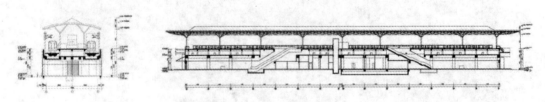

图 5-33　经天路车站剖面图（左图为横剖面、右图为纵剖面）

第6章　城市设计实验

6.1　实验目的

本课程实验是城市规划专业学生在基本掌握城市规划相关理论后，在学习详细规划、城市设计理论的基础上，进一步提高学生城市设计综合能力的重要教学阶段。本课程实验的目的不仅是对专业知识学习的巩固，也是对学生进行综合性的实践训练，为以后从事城市规划工作实践打下坚实的基础。

通过本课程的一些相关实验，可以进一步巩固与提高学生以下几个方面能力。

1. 综合分析能力

通过科学的规划方法、搜集背景资料对规划基地及相关条件进行综合调研、分析，从定位、定性的角度制定整体发展策略，并确定项目的主题与整体构思框架。

2. 结构把握能力

在确定规划原则的基础上，从社会生态学、文化学与城市学的角度，通过类比、归纳、推理等方法，确定规划整体布局结构。

3. 空间塑造能力

以城市规划的思维视角，以敏锐的城市公共空间观察力，形成整体城市空间构成框架。

6.2　实验方法

1. 实验准备

相机、电脑、手工绘图设备以及现状地形图，AutoCAD、Photoshop、湘源控规、SketchUp 等软件。

2. 实验方法

实地踏勘、数据统计与分析、资料收集、案例分析以及计算机辅助设计法等。

6.3　实验案例

6.3.1　实验一　城市商业中心设计实践

城市商业中心作为城市人民集中生活的"城市客厅"，是一个城市形象的集中代表，兼顾着形式和功能多重用途。一座城市商业中心的成败直接影响到这座城市中所有市民的生活习惯、购物方式、消费模式，也直接影响到城市经济、城市社会的方方面面。一个成功的商业中心设计无疑将为城市画卷添上最为重要的一笔。

实验一案例　以舟山新城商业中心为例

1. 项目背景

舟山的属地是群岛、港口和海域。群岛呈星型，港口也分散在各个岛屿的边沿上，海域更是辽阔而不集中。这种非聚集性的城市空间属性决定了舟山城市规划不可能像大陆城市一样，搞集中型城市建设，而应该坚持走整体规划、焦点主建、散而不乱、互相呼应的形散神聚的城市发展道路(见图6-1)。

图 6-1　舟山新城商业中心总平面图

(1)整体的布局中心。

这种基于非聚集性特点的整体空间规划理念并不意味着中心的旁落，恰恰相反，所有的整体性构想必须围绕中心展开。这个中心就是舟山这座海洋城市的城市中心地带，具体地说，指的就是定海城区、沈家门城区和临城新区。

(2)临城新区商业中心的定位。

舟山正处于产业转型阶段，是以现代海洋经济为主要经济增长点的城市，其非聚集性的临港产业特点，决定了舟山必须构建现代化商务功能载体，在空间上形成局部的高强度、高密度集聚，提供相应的空间平台并形成良好的产业服务功能和对外辐射。建成的CBD商务区将与行政中心一起对舟山整个城市因素形成内聚型向心力，从而起到城市中心核心区域的作用。

2. 舟山商业业态分析

(1)现状调查。

舟山本岛是舟山群岛中的主要大岛，也是舟山市商业消费中心，因此舟山的岱山岛、嵊泗列岛以及周边岛屿居民的消费趋向本岛消费较为普遍。但是舟山整体商业档次和品牌知名度不高，商业中高端消费外流较为普遍。目前，舟山市区的商业物业主要集中在沈家门城区的新街商圈、定海城区的文化广场商圈。经调查，目前舟山市商业物业主要以商业街、传统百货、标准超市为主。商业业态的不足之处分析如下。

①小商贸服务业网点小型化，缺乏规模优势；

②网点布局分散，缺乏核心商业区块；

③低商贸，服务档次低，缺乏适合目标顾客需求的舒适型消费场所；

④缺商贸，业态单一，网点真空带多，缺乏有序规划和整体布局。

(2)居民消费偏好调查结论。

在食品支出增长加快的同时，缺乏规模名品商业，衣着消费增幅回落，养身保健渐成时尚，教育文化娱乐服务支出增幅占首位。

(3)基地现状与问题形成。

①基地现状。

按照总体规划要求，新城商业中心区是舟山新城商业一心两横两纵五点的整体发展格局中的核心，总占地约 17.33hm²，将满足舟山城市商业的市级消费及新城日常消费的需求。

②商业区一期存在的问题。

节假日及商场活动期间的人流、车流高峰时段与空闲时段的矛盾；银泰百货的功能要求与建筑原设计为大卖场的矛盾；公交车、货车、客户机动车及非机动车的交通和停车组织较为混乱，相互干扰严重，缺乏人性化设计；城市空间吸引力不足，公共空间贫乏，与周边区块缺乏联系；建筑形态上文化特色的缺失。

③解决思路。

在新的设计中，将考虑以下方面解决一期的弊端：利用地下停车场及地面停车场解决停车问题。利用广场将一二期商业联系为一体，增加整体的商业氛围；二期与三四期以下沉广场通道联系，努力将整个商业区打造为既各自独立，又相互联系的整体商业圈。创造丰富且综合性的商业空间，打造大型商业与零星商业相结合的一站式商业服务体系，且使一期、二期、三四期步行系统、商业系统形成连续的商业氛围。考虑作为已建行政中心区及 CBD 的配套区域，引入餐饮、休闲娱乐等生活必备设施吸引人气。考虑与楔形绿地形成特色酒吧、美食街且配备露天休闲设施，用步行道相联系。如图 6-2 所示。

(4)功能布局优化。

①商业业态比例分析。

根据对舟山消费习惯的调查，提出对功能布局的基本要求：食品支出增长加快，餐饮业所占比例适当增加，引入特色酒吧一条街、美食街(建议餐饮业所占比例不低于 25%)；衣着消费增幅回落需要引入名品购物区域；养身保健渐成时尚需要引入大型健身中心；教

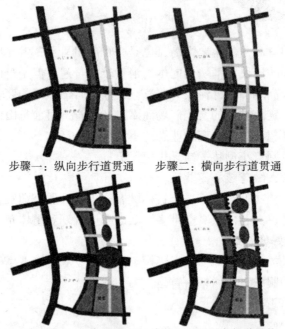

步骤一：纵向步行道贯通　　步骤二：横向步行道贯通

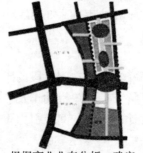

步骤三：添加高潮空间—主要节点　步骤四：环形车行道贯能、内部向心外部环状道路网形成

步骤五：根据商业业态分析，确定零散商业与大体量商业之比1：1—1：3，由此引入一次回廊商街　步骤六：为最大限度利用商业价值并形成商业街氛围，引入二次回廊商街

图 6-2　方案生成步骤

育文化娱乐服务支出增幅占首位需要把休闲娱乐比例适当增加，且根据地方消费特点，提高舒适型、享受型休闲娱乐的比例（即引入五星级影院、KTV、酒吧、剧院、游泳馆、电玩世界、溜冰场、游乐设施等）。据调查，大体量商业与商业街的比例一般都在 1：1 与 3：1 之间，而根据地方消费特点，把此比例定为 3：1 左右较为合理。初步布局功能结构如图 6-3 所示。

　　②交通系统布局优化。

　　由于基地规划范围周边为政府办公区、高层商务区、住宅及医院等，其人流来源方向为四面八方。但现今外来购物人口和主要购物人流来自南侧和西侧。因此为全面解决此地块的人流与车流的矛盾，将采用内部向心外部放射状的交通系统模式。规划商业区布局及

图 6-3　方案初步构思

人流模式特征为网络状，因此也采用内部向心外部放射状的步行结构系统，结合环状的车流系统，共同组织此商业区的交通布局。各商业业态之间的联系用空中商业街作为桥梁予以解决，可使步行通道达到连续顺畅，且最易达到商业价值最大化。综合各种形态商业街的特点，以及舟山临城新区的基地特点，规划中选用露天式商业街、室内式商业街与空中商业街结合的做法，综合这三种商业街的优点，改善步行及内部空间感受。酒吧特色街适用于露天商业街的做法，因为空气流通，采光自然，步行最为省力，同时最大化地利用此地的商业价值。名品购物商业街适用于室内商业街的做法，可结合中庭、道廊、拱廊等手法，创造出富于变化的步行空间。其有不被外界气候所影响的特性且大部分采光来自于自然，有利于达到节能生态目标。此做法适合于对步行环境要求较高的名品购物街，如图6-4、图6-5 所示。

6.3.2　实验二　滨水地区的城市设计实践

滨水地区（Waterfront）是城市中一个特定的空间地段，指"与河流、湖泊、海洋毗邻的土地或建筑；城镇邻近水体的部分"。它既是陆的边沿，也是水的边缘。空间范围包括200~300m 的水域空间及与之相邻的城市陆域空间，其对人的吸引距离为 1~2km，相当于步行 15~30min 的距离范围。

1. 滨水地区的类型

按照城市滨水地区的用地性质，可大致分为 5 种类型：

①与城市中心区相连的滨水地区，这类滨水地区往往是多重功能混合的地区，也是公

图6-4　鸟瞰图

图6-5　舟山新城商业节点

共性较强的开放空间；

　　②以旅游休憩功能为主的滨水地区；

　　③与城市旧工业、仓储、码头区相连的滨水地区，随着城市产业的"退二进三"，目前往往处于改造和再开发阶段；

　　④与城市居住区相连的滨水地区；

　　⑤以生态保育为主的滨水地区，这类滨水地区多位于城市边缘或不同组团间的隔离

绿带。

2. 城市滨水地区的建设原则

（1）公共性——营造"城市客厅"。

滨水地区往往是一个城市中景色最优美、最能反映出城市特色的地区，因此，在规划时确保滨水地区的共享性是首要原则。沿着滨水地带的公共步行道，是吸引游客和顾客的最基本的因素。所有成功的滨水开发项目，无一例外地将直接沿着水体的部分开辟为步行道，而让滨水的建设项目后退岸线。

（2）混合性——保持 24 小时的城市活力。

城市滨水地区是否有足够的活力是评价规划建设是否成功的最主要标准，而保证用地功能的混合性则是保持活力的有效手段。滨水地区一般应布局足够的商业和文化娱乐设施，同时也应鼓励高档住宅、公寓、酒店进驻该地区，以避免夜间成为"空城"。

（3）亲水性——防洪设施与亲水活动的衔接。

滨水地区由于紧靠水体，往往会受到湖水、洪水等自然灾害的威胁。开发滨水地区必须认真研究开发工程可能对海水、湖水的潮汛及泄洪能力的影响。一般情况下，应避免向水中填地延伸的做法，防止因河道排洪断面减小，或湖面蓄洪面积减少造成洪水灾害的严重后果。在规划处理上，应采用不同高度临水台地的做法，防洪堤采用多样化的断面处理，避免阻隔市民亲水的途径。

（4）可达性——形成相互独立的机动车和非机动车交通系统。

滨水地区犹如一个巨大的尽端路，通向滨水区的道路都在此终止，而在有轮渡、码头的滨水区，还有水陆换乘的功能，所以，滨水区的交通组织比较复杂。常用的交通规划措施可用一个"分"字来概括，一是将过境交通和滨水地区的内部交通分开布置，如芝加哥市将过境交通放入地下，简化了滨水区的内部交通组织；二是将步行系统和车行系统分开，如巴尔的摩内港区以高架的步行道将滨水区和市中心相连，而外来进城的车流虽然可直达滨水区，却放在下层的高速路上，直接通向停车场。为了简化交通，应尽量以公交代替私人小汽车，可布置滨水专用公交线路或以高架轻轨连接市区和滨水区。交通设计中应注意以下要点：

①邻水区建立无障碍绿色步行系统；

②过境交通与内部交通分开；

③通过立体步行交通与市区连接；

④布置足够的停车场。

（5）连续性——在空间和时间维度上与城市整体的衔接。

滨水地区与整体城市的衔接非常重要。这种衔接包括空间和时间两个维度。空间上应注重用地功能、交通、绿地、景观等方面的衔接；时间上应考虑原有城市肌理、城市活动、外部空间、特色建筑的保留和延续。在空间布局上，要力求用一个开敞空间体系将滨水地区和原市区联结起来，可采用以下一般做法：

①垂直于岸线方向加强联系。

包括：绿地系统、交通系统、景观系统、城市功能、市民活动。一般来说，滨水地区主张采用塔式建筑，反对板式建筑，因后者易阻挡视线通廊。

②平行于岸线方向分层

由滨水向内依次为：亲水岸线、开敞空间及步行系统、商业娱乐设施、机动车系统、商业设施。在历史延续上，应重视历史人文景观，结合滨水地区的历史建筑保护，将历史建筑、历史地段结合在城市设计中，以提高滨水区的文化氛围，增加旅游内容。对历史的延续包括以下 3 个层次：

a. 保留和延续历史建筑与场所；

b. 保留和延续城市肌理；

c. 保留和延续传统生活方式与文化。

（6）盈利性——公私利益的均衡。

实验二案例 台州市黄岩区西江河滨水地区城市设计

1. 项目背景

台州市地处浙江省中部沿海，其综合实力在浙江省排第 5 位。黄岩区为台州市辖区，是台州城区的重要组成部分。黄岩是一座拥有丰富历史文化资源的古城。东西流向的永宁江是黄岩第一大河流，南北流向的西江河则是永宁江的最大支流。西江河在历史上不仅是县城内外客货运的通道，同时也是黄岩古城给排水的主要通道和古城护城河的一部分。

2. 现状分析

（1）规划范围。本次城市规划的范围北起 82 省道、南至温州路，东西两侧各以二环西路、缙云路和环城西路为界，西江河由南向北蜿蜒穿过基地。规划总用地面积约 92hm²（见图 6-6）。

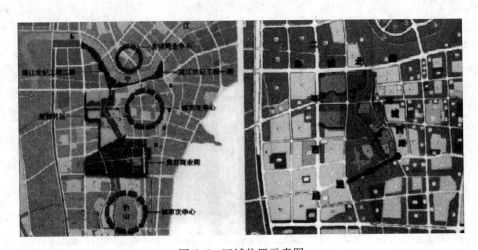

图 6-6 区域位置示意图

（2）土地利用。基地现状用地以居住、工业、村镇建设用地为主。西江、西官河两条河流是本基地的最大要素。西江河水体宽度在 40～75m，平均宽度为 45m，流经本次规划用地的长度约为 1.3km，在青年路附近有较大转折。西官河水体宽度在 10～20m，平均宽度为 11m，流经本次规划用地的长度约为 0.6km，全线曲折蜿蜒。基地地势平坦，标高多在 3.5m 左右。两条河流的水位常年为 2.5m，与永宁江间的联系均有水闸控制。

（3）景观资源。西江河蜿蜒曲折，水体清澈，沿岸水生植物种类丰富、长势良好；河上的五洞桥、卷洞桥是省级重点保护文物。五洞桥造型独特，但桥面因年久失修，严重老化；五洞桥和卷洞桥之间为现保存较完整的当地民居，民居仍然保持有传统的建筑形态，当地居民也仍保留着传统的生活习俗，这里的街道是城市发展起源的见证，是历史遗迹；道教建筑东极宫、太乙殿等分布在西江两岸，尚未得到很好的保护，其周边建筑破烂且布局零乱（见图 6-7）。

图 6-7　现状图

3. 规划构思

（1）功能定位。

规划将黄岩区西江河滨水地区的功能定位为：回归自然、展示历史，体现黄岩当地风土人情的历史文化长廊；黄岩区公共开放空间系统的重要组成部分，城市风貌的重要展示带，城市休闲活动的载体（见图 6-8）。

（2）规划主题。

①主题之一"历史的环"。黄岩老城区形成于唐高宗年间，至今已有 1300 多年历史，历史上曾有由西江河、东官河和南官河共同组成的老护城河，城墙沿河而筑。城墙后因遭到多次破坏，现已无迹可寻。目前，沿河两岸尚存有省级保护文物遗迹——五洞桥、卷洞桥、东极宫、太乙殿等。可以说，护城河在界定古城格局的同时亦是黄岩千余年城市发展的见证。因此，本次规划力图通过对老护城河及其两岸的保护性开发，挖掘出更多的历史遗迹，并将黄岩老城特有的水系母题串联起来，形成能体现黄岩发展历史的一条环带。

②主题之二"现实的环"。在 21 世纪的今天，西江河等几条河流作为漕运和城市防护的功能早已消失，随着永宁江治理工程、滨江世纪工程、西江河及两岸规划的展开，黄岩城区这几条重要河流的整治与开发已迫在眉睫。因此，本规划力求以沿护城河滨水绿化走廊的建设为依托，通过绿化分支使滨水区嵌入新老城区，使其与城市的广场、公园等公共活动空间联系成为一个有机的整体，在为市民创造连续开放的休闲、健身活动场所的同时，也让秩序化的现代城市人工景观融入生态化、人文化的城市自然生长文脉中，使古今相承，以真正体现黄岩特有的江南水乡特色（见图 6-9）。

（3）规划特色分析。

本次西江两岸规划是黄岩改善城市形象系列工程中承上启下的一个工程。规划将带状

图 6-8　总平面图

的西江河放在整个城市"面"的层次上考虑，以发挥西江河改善城市生态系统及提升城市整体景观形象的作用(见图 6-10)。

①强调滨水空间的共享性与渗透性。

在西江河的两岸规划 30～100m 宽的连续公共绿化带，并以此为骨架，组织各类城市空间，使珍贵的滨水空间资源能最大限度地渗透到周边城市片区中去，通过绿化渗透来强调功能结构和景观的相容性。在西江河和西官河的交汇处规划"橘之岛"，通过它与桥上街、水厂主题公园隔江相望，形成基地景观的聚焦点。橘之岛现状以柑橘种植为主，自然植被丰富。黄岩是中国的蜜橘之乡，为保护自然生态及传承、发扬黄岩的橘乡文化，规划

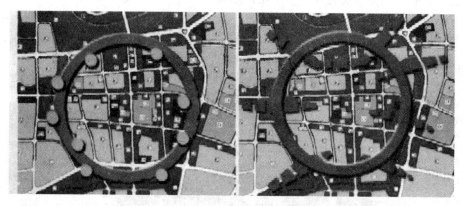

图 6-9 历史的环与现实的环

图 6-10 东北方向鸟瞰图

将橘之乡作为柑橘种植的展示基地，在此分类种植各品种的柑橘，并结合各品种的柑橘设计建筑小品，标明各柑橘品种的名称、特征、生长习性，让人们在观花赏果的同时了解并感受黄岩的橘乡文化。在橘之岛的前端最佳位置处设置具有标志性和纪念意义的古塔，使之成为河道景观上与北侧的桥上街遥相呼应的一个对景。古塔不仅具有重要的观赏价值和观景作用，同时也是对黄岩古城及西江河水系的一个历史隐喻。

②历史文化遗迹的保护和再现。

规划通过对桥上街旧区、五洞桥和卷洞桥的改造，再现黄岩当地民居的古朴民风，以及历史上黄岩城西商业的繁荣景象。现状用地中部的东极宫、太乙殿虽几经兴废，但主体建筑仍保存完好，门前的古樟树已有三百六十余年的历史，规划将对其进行保护性的改造，并划定一定的保护范围。对台州特委机关旧址及一些反映黄岩历史文化的古建筑，以及具有历史事件、典故等主题景区的恢复与设置，将会使黄岩的历史重现于西江河的两岸，铭刻在黄岩人的心中。规划结合基地现状文物和黄岩城区其他一些有历史价值建筑的易地保护，在本片区内形成两大历史展示区。

a. 古城风貌区(见图 6-11)

桥上街区块是黄岩城市历史发展起源的遗迹，规划通过对桥上街的改造、对特委机关的重建及对五洞桥、卷洞桥的保护与利用，延续并展现黄岩当地的民俗风情。在桥上街区块引入一条东西向的水体，建筑依水而建，形成水上街市。水上街市两侧通过两座小石桥相连，并依据当地的风俗习惯在其尽头设一戏台。为了更好地延续历史街区原有肌理，强化传统商业街区的形象，规划采用商住混合的模式，保证桥上街改造后的活力。建筑布置采用传统"四合院"模式，临街布置商铺，后面为由两层楼高的外廊式砖木结构楼房围合成的"四合院"，该模式兼具商业与居住功能。临街商铺以特色购物、观光旅游和水乡特色餐饮为主。

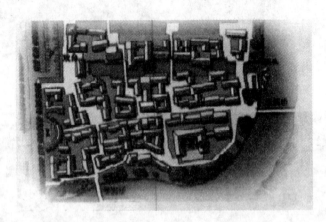

图 6-11　古城风貌区

图 6-12　历史文化区

b. 历史文化区（见图 6-12）。

如果说"古城风貌区"是旧城肌理在物质空间上的再现，那么，"历史文化区"则是在精神层面上强调对黄岩历史的复兴。在这个景区，除了由南部搬迁过来的东极宫和太乙殿外，对其他由人行步道串联起来的景点，本次设计不作具体内容上的限制。历史文化的延续与提升应该有一个过程，应该让市民感受到这个过程，因此，本次城市设计在空间、景观、环境上提出了一个相对合理的布点方案，即只提供一个"基底"，而"基底"上的具体内容，由当地政府组织文化部门、旅游部门、当地的文人、学者及广大群众来完成，通过群众参与将黄岩"历史的环"一步步地深化和实现。

③市政道路的线型调整。

原分区规划的横街西延长段与缙云路呈"丁"字相交，造成此处的交通不畅，易形成小地块而不利于土地的集约高效利用和整片开发。规划将横街西延长段西侧接口移至下一个交叉口，使道路交通更加顺畅，同时也扩大了中部绿地，增强了滨江中心公园的整体性(见图 6-13、图 6-14)。

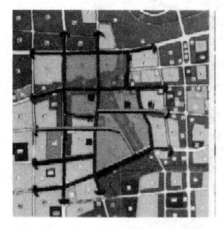 

图 6-13　原规划的路网　　　　　　　图 6-14　本次规划调整的路网

④对水的利用与多样化的岸线设计

a. 水的利用。

借助现状水资源丰富的优势，规划将西江河水引至不同的滨水功能区块，以实现功能、景观、生态的最优配置。例如，将水引入桥上街可形成极具江南特色的水上街市；将水引入公园可形成丰富、活跃的景观元素；将水引入到居住区内，在改善小气候的同时，也可衬托出安静、舒适的生活氛围。

b. 多样化的岸线设计。

为塑造丰富多变、富有动感的滨江景观，规划结合现有水体岸线和滨水用地功能，将滨水岸线划分为滨水广场岸线、亲水码头岸线、滨水建筑岸线和自然生态岸线等 4 种类型。其中，前 3 种岸线为比较接近水体的地段，规划将岸线处理为人工型，使人更易于接触到水面；强调将可观赏水景的地段岸线处理为自然型(见图 6-15)。

● 滨水广场岸线。在西官河两岸、青年路以南的西江河两岸设置连续的滨水步道，并在适当的地方布置亲水木栈道和滨水广场，以满足人们观赏的需要，同时丰富岸线景观。

● 亲水码头岸线。将水上活动体现到城市设计中，满足"居民岸上走、水中游"多角度、多视点的游赏要求。规划结合桥上街和滨江中心公园，设有两处不同形式的码头，形成两种不同尺度、不同风格的码头岸线。

● 滨水建筑岸线：在桥上街的水上街市，建筑邻河而建，局部形成水上吊脚楼形式，构成别具特色的滨水建筑岸线。

● 自然生态岸线：青年路以北，西江河两岸以草坡或卵石护坡为主，沿线以生态绿地为主，构成以绿化为主的生态岸线。

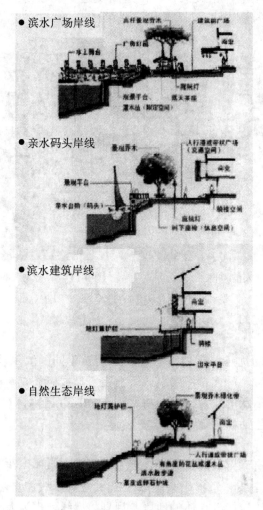

图 6-15　岸线的设计

6.3.3　实验三　历史街区的保护与更新设计实践

　　历史街区是城市记忆保持最完整、最丰富的地区。它体现了传统文化价值，同时是今天人们生活背景的重要组成部分。在以全球可持续发展理念及"人本主义"为时代背景的今天，历史街区的保护与更新更加强调综合和整体对策、关注人与环境及社会文化生态系统之间的平衡。人们更加深刻地意识到，历史文化的丰富性对于维系地域文化特色的意义，以及地方传统文化带来的认同感（Identity）、新生文化所创造的社会价值，对于提升历史街区的空间品质、满足人们深层次精神需求的重要作用。如何协调处理好保护与发展之间的关系，以历史文化遗产保护为前提，重塑历史街区活力，维系文化生态系统的动态平衡与良性循环，是当前的重大课题。

实验三案例　武汉市青岛路历史街区保护与更新研究

1. 规划背景

武汉市是国务院公布的第二批国家历史文化名城，3500 年的历史积淀造就了其深厚的文化底蕴。汉口租界区是第二次鸦片战争后帝国主义依据不平等条约辟汉口为长江对外的通商口岸而产生的。自 1861 年开始，先后有英、德、俄、法和日五国在汉口设立租界。汉口租界风貌区是汉口近现代城市发展的深刻印记，集中体现了汉口自开埠以来的城市历史发展进程。

随着城市的发展，历史文化遗产保护与旧城活力恢复成为当前的迫切任务。青岛路历史街区是武汉市城市总体规划中确定的汉口原租界风貌区四大历史文化街区之一。2008 年年底长江隧道贯通，同时基地西南角的武汉美术馆的建设也给该地区的发展带来了新的契机。为明确该地区的保护与发展的方向，武汉市进行了汉口原租界风貌区青岛路历史街区保护规划。规划范围北临中山大道，南至沿江大道，东抵天津路，西达南京路，总面积为 17.75hm²，并与美术馆周边地区衔接（见图 6-16）。

图 6-16　规划范围示意图

青岛路历史街区位于原英租界范围内，是汉口最早建立的租界地，是武汉近代建筑最为集中的区域之一，各类历史建筑云集。这些优秀历史建筑不仅具有历史价值，承载了不同时期的历史文化信息，而且具有较高的建筑艺术价值，体现了各种不同的建筑风格和流派，是构筑武汉历史街区文化生态的重要建筑景观（见图 6-17，图 6-18）。

图 6-17　沿江大道

图 6-18　里分空间

目前，青岛路历史街区涉及同福、同仁、同丰及天津4个社区，总人口共计5522人。其土地利用呈现出一种混合多样的态势，存在着居住、办公、金融、娱乐、餐饮、旅馆、仓储、学校等多种用地性质，其中居住用地所占比例最大，达51%，其次为金融办公、仓储用地。百年时光使青岛路历史街区的历史建筑逐渐失去了往日的光辉，大规模的旧城改造给原历史风貌带来了较大的影响。青岛路历史街区现存有5处文保单位、7处历史优秀建筑、3片特色街巷空间。被动式的保护方式使得历史街区的发展陷于停滞，出现了基础设施落后、生活环境较差、街区活力不足等问题，更有大量历史遗存湮没在芜杂的新建建筑群中，缺乏深层次的保护与利用。当时，长江隧道开挖面给该街区原有城市肌理带来一定程度的影响，也给历史街区的保护及更新带来巨大的挑战，如何缝合隧道两侧空间，延续原有城市肌理、保护街区文化生态，更新文化产业功能，成为本次规划重点考虑的内容（见图6-19，图6-20）。

图 6-19　现状历史风貌建筑分布图

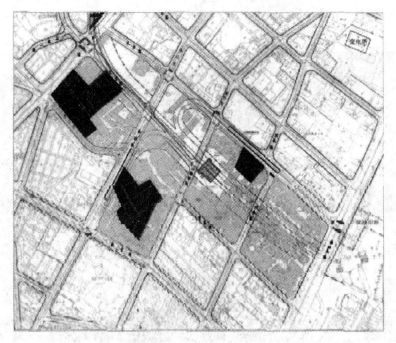

图 6-20　特色街巷空间

2. 第一阶段——物质形态层面

历史建筑及物质空间形态保护规划遵循文化生态理念的整体性保护与就地保护的原则，积极扩大保护范围，深化保护内涵。

（1）利用 GIS 技术，扩大历史建筑保护范围。

在保护原有 5 处文物保护单位及 7 处优秀历史建筑基础上，通过对现状建筑的详细调查，进一步扩大保护范围，并运用 GIS 等新技术建立科学的历史建筑评价体系。选取建筑年代、建筑空间艺术、建筑环境艺术三大因子进行加权叠加分析，将有重要历史文化价值且对历史街区整体风貌影响较大的 8 处历史建筑列入保护范围，进行整体保护。

（2）切实保护历史建筑及重要历史风貌街道。

为落实对历史建筑的保护与控制，根据《武汉市文物保护实施办法》（1994 年 5 月），同时结合道路及周边道路情况等因素，划定文保单位、保护建筑、历史建筑、历史街区的保护范围与建设控制地带。形成完整的城市紫线保护体系，提出有针对性的保护要求。保护历史建筑和重要的历史风貌街道，明确逐栋建筑保护及修复方式，并对建筑细部及材料进行控制。

（3）保护空间肌理、传统风貌特色。

基于文化生态理念，通过修复遗存、填补肌理、整合区域、归并功能等具体手段进行街区设计，进一步保护街区空间肌理，有效控制新建建筑的开发强度。新建建筑面积与保留建筑面积比为 4∶6。以咸安坊、汉安村及美术馆街区为城市肌理原型，整合、完善青岛路历史街区的街区肌理。对建筑高度、界面、街巷空间、开敞空间提出具体控制要求，以保障历史风貌的协调性。运用类型学方法，分主巷、正支巷、背支巷分别对街巷空间和尺度进行有效控制，延续原有的街区肌理(见图6-21)。

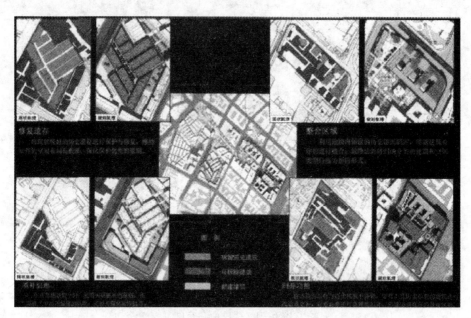

图6-21 文化生态理念下的街区城市肌理的修复

3. 第二阶段——文化与社会经济层面

历史街区的文化、功能的延续、整合与创新。

(1)历史街区新的发展引擎。

①文化是城市发展的新引擎。

文化生态理念不仅要面对文化的继承问题，还要面对城市的现在和未来。城市如同生物有机体，其生命机能也呈现出周期性的变化。城市的物质、经济、社会文化内涵总在发生着质与量的调整变化，需要不断地吐故纳新、去芜存精。以文化作为城市发展的新引擎，积极地更新文化功能，恢复业已衰落的历史街区的生命机能，这是对城市文化遗产更高层级的保护。1998年，联合国教科文组织(UNESCO)在其《文化政策促进发展行动计划》中就曾断言："文化的繁荣是发展的最高目标。"从国内历史经验来看，文化在城市发展过程中起到了重要的作用，以文化为主体内容的产业将成为新经济的核心，以创意为基础的文化产业将成为城市及社会经济发展新的动力引擎。随着文化设施的建设、文化功能的提升与完善，能够更为积极地保障历史街区文化生态系统的良性循环，提升区域的空间品质，吸引更多的艺术家和专业人士，促进文化产业的不断升级，带来更多的就业岗位及投资和税收，从而进一步提升历史街区的区位价值。而这一进程所带来的收益又有利于服务设施的完善及历史街区的修缮和维护。

②创意产业是历史街区改造与更新的新动力。

创意产业是"源自个人创意、技巧及才能，通过知识产权开发和运用，而有潜力创造财富和就业机会的产业"。创意产业的迅速崛起是当今发达国家和地区产业发展的新趋势。发展创意产业的先驱国家如英国、美国、新加坡、日本等，都把发展创意产业作为一项国家战略加以实施。2005 年，中国创意产业价值达到 4040 亿元人民币，专家估计其每年将增长 15%。创意产业自身特点有利于历史街区改造与更新：一方面，创意产业的发展有利于工业建筑、历史街区、传统风貌乃至传统工艺的保护，其内部由艺术家们改造后，反映原建筑美学特征的砖石墙体、屋梁架构被保留下来，同时又将现代材料和设施设备以艺术布局手法安置其中，于是历史与未来、传统与现代在这里交叉融会，为创意产业的发展提供了独特的环境和氛围；另一方面，创意产业的引入有利于实现风貌保护与经济发展的有机结合，使逐渐萧条的地区重新走向繁荣(见图 6-22)。

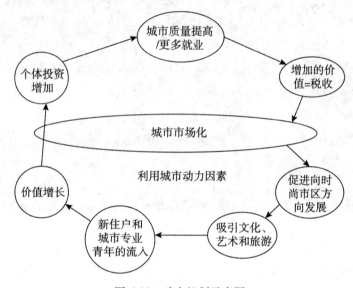

图 6-22 动力机制示意图

（2）青岛路历史街区文化及产业功能的更新。

历史的变迁给老汉口留下了深刻的烙印，使其呈现出一种多元化的文化特征。西方文化在这里与本土文化相融合。两种文化在互动互生中形成了独具地域特色的汉派文化。其中具有代表意义的文化类型有：

①里分文化。里分是武汉历史民居建筑，是西方低层联排式住宅和中国传统的四合院式建筑的结合体，是武汉城市文化魅力重要的组成部分。

②商业文化。汉口的开埠，为汉口城市和商业的现代化提供了一个历史契机，汉口由传统的内聚型商业中心向近代外向型国际商埠转化，商业的繁荣将汉口的发展推向高峰，使之在近代成为全国仅次于上海的重要商贸城市。

③洋行文化。汉口近代金融业发达，世界各国在此设立金融机构，整个汉口原租界风貌区更是洋行集中的重要区域，这些洋行建筑风格各异，是武汉市近代历史建筑中颇具特色的一部分(见图 6-23)。

④市井文化。武汉是一座市民化的城市，尤其以汉口老城区最为突出，具有浓厚的生

图 6-23　保安洋行保护复原方式示意图

活气息，世俗的生活场景构成了武汉历史街区重要的文化记忆。如何更好地吸收这些传统文化的养分，进行文化的再创造，进而将文化功能落实到城市空间中进行调整和分配，这也是文化生态理念所关注的重要方面。文化生态理念的动态平衡原则把文化因素当做生态系统的一个内在变量，注意到社会体系的各个方面：利益、价值观、各项功能都在城市空间中得到反映。因而，历史文化街区的保护不应采取冻结式的文物保护方式，而应在保护的基础上积极调整街区功能，以文化因素为重要切入点，寻求与现代生活方式更好的接轨，才是激活老城活力的有效途径。青岛路历史街区保护规划正是基于动态平衡的原则，对现有产业进行整合与调整，以武汉美术馆的建设为契机，继承和发扬武汉自身的文化禀赋，引入适应现代生活的新产业——创意产业，整合周边文化、商业资源优势，构建具有浓郁艺术与文化气息的、融文化创意、商业金融、旅游休闲等多功能于一体的历史文化街区。规划结合各地块现状，形成四片主题街区。通过功能置换、动态平衡的保护与更新方式，可以在有限的城市空间中，完善文化功能链，使历史街区达到更合理的结构、更高效的功能和更好的文化生态效益（见图 6-24～图 6-26）。

4. 第三阶段——文化价值与社会民生层面

诠释汉派文化、重塑城市精神、关注社会民生。

（1）修复隧道开挖面，重塑中心场所精神。

图 6-24　规划总图

图 6-25　功能分区

图 6-26　街区详细设计

　　长江隧道开挖面东西贯穿规划范围，给原有街区肌理和城市风貌带来了较大影响，同时割裂了南北两片区域。为修复工程创面，重塑场所精神，规划基于文化生态理念的生态修复方法，一方面通过空间尺度的转化、步行景观体系的构建、缝合已割裂的空间形态，将隧道开挖面结合周边街巷空间规划为城市漫步区（见图 6-27），使之成为历史街区的主体骨架和特色亮点；另一方面通过公共节点的塑造、文化设施与公共艺术品的布局安排，使街道空间与人们的生活紧密联系起来，在文化心理上恢复人们对传统历史街区的认同感。主题街道是整个街区的流动空间，被规划为全步行区域，每隔 100～200m 设置各具特色的绿化广场，串联起功能各异的 4 个功能区片。在城市漫步区上分别建设汇丰广场、万国广场、咸安广场、同丰广场 4 大文化广场，按照租界文化的演绎、历史与现代的交融、传统里分文化的讲述、文化与艺术的交融 4 个主题，形成起、承、转、合的空间序列。至此，城市漫步区将 4 大功能区块链接起来，同时缝合了街区南北区域，成为汉派文化的展示舞台、历史地图的空间图解。

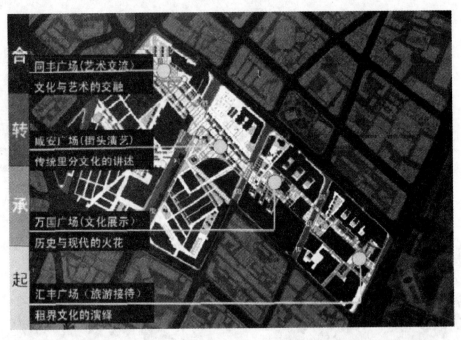

图 6-27　城市漫步区规划图

（2）妥善安置原住民，提供就业保障。

文化生态理念秉承多元的包容态度，强调在文化上对不同阶层和群体的特色给予尊重，并关注普通居民的生活状况。街区社会人文环境的保护是街区可持续发展的内涵和动力。居住往往是历史街区的主要功能，保留部分居民及其生活的原真性，是延续传统文化形态的重要措施。青岛路历史街区传统特色街巷空间主要集中在咸安坊和天津路 7 号。咸安坊作为武汉市里分建筑的精品集中地之一，具有良好的空间肌理和建筑环境，现状保存较好，总人口达到了 2300 余人。规划保留居住功能，适当疏解人口，改善居住环境。以经济型住房标准计算，保留人口约 1200 人，人口保有率达到 52%。同时拆除部分与历史风貌建筑不协调的建筑，新建居住配套设施，实现传统住区的有机更新。天津路 7 号属于原租界别墅区，规划保留其街巷空间和特色建筑，并结合该街区创意产品销售的功能定位，将其转换为商业功能，激发街区活力，提升整体环境，与现代生活接轨。规划在拆、腾、迁过程中引入公众参与和开放式的决策过程，同时在房源上提供了保障措施，实行"阳光拆迁"，使历史街区的居民得到良好的安置。部分居民实现回迁，同时为单位和个人自我更新提出了创新的模式，为和谐社会的发展提供保障。通过置换 3.7hm² 居住用地作为商业金融、广场绿化、学校的用地，使得就业岗位增加 2700 个，提供给就地安置的原住民。多功能的融合，将带来多元化的文化活动，提升地块的整体价值，所带来的收益可用作历史建筑今后的维护，实现历史街区的长效保护机制。

【主要参考文献】

[1]杨妍,王晔,敬宏愿.城市滨水地区特色的规划探索—以台州市黄岩区西江河滨水地区城市设计为例[J].规划师,2006,(04):45-48.

[2]杨保军,董珂.滨水地区城市设计探讨[J].建筑学报,2007(7):53-56.

[3]黄焕.文化生态理念下的历史街区保护与更新研究—以武汉市青岛路历史街区为例[J].规划师,2010,5(26):25-28.

[4]段汉明.城市设计概论[M].北京:科学出版社,2006.

[5]王建国著.现代城市设计理论和方法[M].南京:东南大学出版社,2001.

[6]中国城市规划设计研究院编著.城市规划资料集第五分册《城市设计》,北京:中国建筑工业出版社,2005.

[7]李德华主编.城市规划原理[M].北京:中国建筑工业出版社,2001.

[8]郑毅.城市规划设计手册[M].北京:中国建筑工业出版社,2000.

[9]张秀芹.城市文化与城市设计[D].天津大学,2005.

[10]袁振国.历史文化名城的城市规划思考[J].城乡建设,2001,(4):56-60.

6.4　实 验 作 业

6.4.1　实验一

金东新区商业文化娱乐中心设计

1. 概况

金东新区是金华中心城市的商业副中心、文化娱乐中心,金东区地处浙江中部金衢盆地,东邻中国小商品城义乌,南连中国科技五金城永康,西接金华城区,区位优势十分明显。金东区交通便利,浙赣铁路复线穿境而过、03 省道、330 国道横贯全境,杭金衢、金丽温高速公路和在建的甬金高速公路在境内均设有互通口。是今后金华市区的商业副中心、文化娱乐中心,滨江特色的居住中心和金东区的行政中心;对周边义乌、永康、武义等县市有较强的吸引力。

本次设计选择金东区的商业文化娱乐中心,占地 13.62hm²,北面是艾青文化公园、西面是政和路、南面的光南路、东面是大堰河街,地块周围环境良好。

通过本课程设计作业,加强学生对中心区的规划设计的进一步了解,加深对城市现代化发展的辩证思考,并能更好地掌握城市设计相关理论知识。

2. 设计成果及要求

(1)设计方案能充分展现创作理念、规划思想、表现手法以及创造力等各个方面,弘扬求是创新精神,能够体现规划师对城市问题的关心与思考。

(2)规划设计表现形式与方法不限,比例不限,图纸表达简洁,清晰。

(3)每个方案要求提交 2~3 张 A1 图纸(84.1cm×59.4cm)和一份电子文件。

(4)每个方案的设计必须独立完成。

6.4.2　实验二

金华市燕尾洲地块城市设计

1. 概况

本城市设计范围为东市街以西、三江国际花园(住宅小区)以北、武义江、义乌江防洪堤内用地，规划用地面积为 60.28 万 m²，其中宾虹路以北地块面积约 50.08 万 m²，宾虹路以南地块面积约 10.2 万 m²。本次城市设计围绕着"塑造中心、提升品质；强化功能、增强引力；聚集人气、强化活力"为设计的基本目标，将燕尾洲地块建设成为"一个现代、大气、时尚，体现金华气质、蕴含地方文化的，具有代表浙中西部中心城市文化生活和休闲生活的中心。"本次规划范围的设计内容分成两部分：一部分为多湖中心向西延伸的绿轴和沿江绿化用地，以绿化景观为主；另一部分为公共建筑、商务建筑等服务性用地，以建筑景观为主。

2. 设计成果及要求

(1)在对功能定位准确把握的基础上，能够处理好交通组织、空间组织和景观组织。设计理念能够很好地融合到空间当中。考虑好基地与周边的关系，始终把握好核心问题的处理与表达。

(2)规划设计表现形式与方法不限，比例不限，图纸表达简洁，清晰。

(3)每个方案要求提交 2~3 张 A1 图纸(84.1cm×59.4cm)

(4)每个方案的设计必须独立完成。

6.4.3　实验三

金华市古子城东市街地块改造

1. 概况

古子城东市街于金华市古子城东市街桥头东西两侧，东侧地块用地面积为 8882m²，西侧地块用地面积为 5400m²，两侧地块总用地面积为 14282m² 左右。甲方要求：建筑层数以 2~3 层为主，局部可为 4 层，建筑总高度小于 15m。其中西侧地块平面布置按 2004 年新修编好的《金华市古子城历史街区保护与改造规划》实施，亦可根据实际情况稍做调整，建筑用途以商业为主。东侧地块按照所提供的用地红线图进行设计，建筑用途结合东侧的清风公园与南侧的沿江绿化带相配套，以休闲、商业为主。根据与周边清风公园、沿江绿化带环境相协调相配合进行细致构思，合理布置使用功能区，在外部形象上，应以江南徽派的传统古建筑处理手法，粉墙黛瓦，采用高低错落，立面、屋顶形式多样化。

2. 设计成果及要求

(1)成果形式：A1 彩图；

（2）图纸基本内容：设计说明，彩色总平面图，鸟瞰图；

（3）建筑方案需表达首层平面和地下层平面；主要建筑的标准层平面，主要的沿街立面图；

（4）分析图（区位，现状，功能结构，空间层次，停车交通，绿化，景观节点等）；

（5）局部空间透视图，重要节点设计（绿化、场地铺砌及雕塑、座椅、灯柱等）。

第7章　村镇规划与设计实验

村镇规划与设计的主要内容有村镇规划的资料收集与分析，村镇总体规划，村镇道路工程规划，村镇给排水工程和防洪工程规划，村镇电力、电信工程规划，乡镇公共中心与工业公共中心规划，村镇居住区规划，村镇绿化、村镇环境保护与生态建设规划，村镇传统文化和古建筑保护与旅游资源规划，村镇防灾减灾规划，村庄整治以及村镇规划中的技术经济和管理工作等内容规划。开设村镇规划与设计实验，目的是为了更好地让学生消化和掌握村镇规划理论知识和从事村镇规划的资料收集、分析，技术经济指导计算及规划设计等实践工作，为学生今后毕业从事村镇规划建设管理工作打下坚实的基础，确保村镇规划建设有效有序的开展。

7.1　实　验　目　的

村镇规划与设计实验是为了培养锻炼学生综合分析和解决实际问题的能力，使学生掌握原始资料的收集与整理，村镇规模的合理确定，村镇的分布规划与居住区建设规划设计经济指标的计算等技能。通过实验教学，要求学生达到能独立完成各方面的资料统计、整理、分析、计算及有关内容绘图，并给出结论或建议等内容。

（1）了解认识村镇规划的基本内容、基本理论和相关知识；

（2）详细了解和掌握村镇规划所需的各种资料。熟悉收集资料的方式和方法，对收集到的资料进行整理并运用相应方法进行分析。

（3）了解镇域规划的层次划分、规划任务及基本要求和特点；运用相关资料和方法确定村镇的性质和规模；熟悉村镇用地的分类、评价及选择，掌握村镇用地平衡表的填写与计算；熟悉村镇体系的布局特点与形式，掌握村镇体系布局规划的方法；熟悉村镇总体规划编制的具体内容，掌握村镇总体规划编制的方法步骤。

（4）理解村镇道路工程规划的重要性以及和公共中心、居住区规划之间的关系；理解和掌握村镇道路系统规划中横向、纵向规划的特点、内容及方法。

（5）了解掌握村镇绿化规划的原理、村镇绿化系统的布局形式和村镇绿地规划的规划原则。

（6）理解、掌握村镇给排水工程系统组成、规划内容；用水量和污水量的预测；村镇给排水管网的布局形式及机制。

（7）掌握村镇电力工程规划的基本内容与步骤；理解村镇电力负荷的计算以相关名词概念；了解村镇电信工程规划中电信线路布置和站址的选择。

（8）根据乡镇科、教、文、卫、生产、生活等公共建筑的功能要求和公共活动内容，掌握其配置与布置形式。

（9）了解村镇环境污染的主要类型及治理方式；了解旅游资源的分类及相关村镇旅游资源的开发利用情况。

（10）了解掌握村镇需要消防给水的范围与需要消防车道的范围；村镇防洪对策与防洪工程设施；村镇防震减灾规划的内容。

（11）熟悉村镇规划实施与建设管理的基本程序。

7.2　实验方法

1. 实验准备

相机、电脑、手工绘图设备以及现状地形图，AutoCAD、Photoshop、湘源控规、SketchUp 等软件。

2. 实验方法

实地踏勘、数据统计与分析、资料收集、案例分析以及计算机辅助设计法等。

7.3　实验案例

7.3.1　实验一　金华市金东区傅村镇畈田蒋村建设规划

1. 村庄概况

畈田蒋村位于金东区傅村镇中部(见图 7-1)，距镇政府所在地 1.7km，属中亚热带季风湿润气候区，四季分明，气候温和，降雨充沛。是著名诗人艾青的出生地。村庄建成区总面积 8.18hm²，有农户 462 户，人口 1294 人。

据调查，本村周围为近几年新建的砖混结构房屋，建筑占地面积 33505m²。村中多为砖木、土木结构房屋，建筑占地面积有 45048m²。合计全村房屋总建筑占地面积 78553m²，人均 60.70m²。

村庄南部的建筑质量较好，其排列有序，具有保留价值，村庄内部建筑年代长久，多为砖木、土木建筑，许多已经废弃，无人居住，可以规划拆除，但其中也有较多具有历史价值的古建筑，如艾青故居、冬校、九间、五间、十八间、明加三间二盘头、红屋等，距今都已有近 100 余年的历史，保存完好率在 70%～80% 之间，其作为我国江南传统古建筑的代表，具有较高的历史价值，在规划中要尽可能地保留，并进行修复。特别是村中的艾青故居，更具有极高的人文价值，需要很好的修缮保护。

村现有东西、南北走向道路共 5 条，宽窄不一，曲折不畅，行车困难，道路密度低，达不到消防抗灾的要求，留有事故隐患。规划应使道路形成系统，适应现代化生活、生产的需要。

村庄现建有一所完全小学，除服务本村外，还招收周边村庄学龄儿童上学；村庄有老年活动室一所，有简易的村两委办公楼，但尚无村民广场、农贸市场以及为村民提供闲暇休息和运动的场所及公共绿地。

村中现保留有著名诗人艾青的故居，村北有艾青的"保姆"大堰河之墓，为金东区重

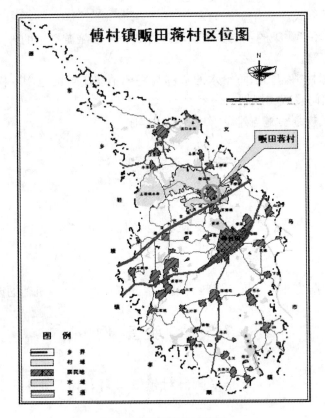

图 7-1　畈田蒋村区位图

点文物保护单位，正在申报省级文物保护单位。

随着畈田蒋村经济的发展和建设的日新月异，畈田蒋村已被列为金东区重点建设的中心村。

2. 规划原则

(1)适应市场经济发展的趋势，为畈田蒋村的发展提供适宜环境，同时兼顾经济效益、社会效益和环境效益的统一；

(2)重视规划的实施过程，由远及近，远近结合，提高村镇结构的适应性；

(3)适应土地市场的发展，合理用地，提高土地综合效益。

3. 村庄性质

根据畈田蒋村社会经济发展的现状和未来发展趋势，确定其性质为：金东区傅村镇主要的现代化中心村。

4. 人口规模

(1)近期：2002—2005 年 1330 人　（自然增长率 0.4%，P 值取 15）。

(2)远期：2005—2010 年 1370 人　（自然增长率 0.4%，P 值取 25）。

5. 用地规模

综合考虑人多地少的现状和未来发展的需要，人均建设用地指标按第三级（$80 \sim 100\text{m}^2$/人）确定。用地分类和代号按《村镇规划标准》（GB 50188—93）执行，村庄建设用地包括村镇用地分类中的居住建筑用地、公共建筑用地、生产建筑用地、仓储用地、对外交通用地、道路广场用地、公用工程设施用地和绿化用地 8 大类，建设总用地为 13.74hm²。

6. 用地规划结构及功能分区

（1）用地在充分利用现状的基础上，按村内主干道分为 4 大区块：村中心环艾青故居和艾青广场四周为核心区，面积为 3.6015hm²；村西南、西北及村北为住宅新区，面积为 4.3588hm²；村庄南面傅溪公路东侧为保留居住区，面积为 1.1068hm²；村东南面为高级住宅区，面积为 0.8721hm²。

（2）在过村傅溪公路两侧适当布置商业用地；村委会、幼儿园、卫生所等公用设施布置在艾青广场主入口西侧；小学布置在村东南面原址（详见图 7-2）。

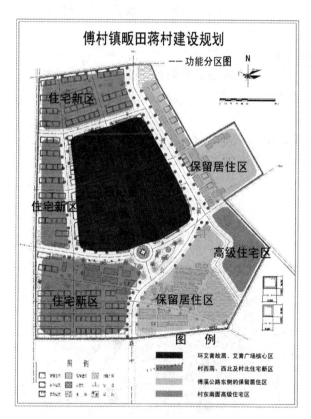

图 7-2　畈田蒋村功能区位图

（3）村庄东南面考虑为远期发展备用地。

7. 居住用地规划

（1）居住用地规划原则。

①坚持"以人为本"的指导原则，进行统一规划；

②注重高质量居住生活环境的创造，注意公共基础设施的完善；

③考虑村域自然、文化环境；

④按照村民的不同生活需求和不同层次要求，合理分级配置公共服务设施，方便村民

生活。

（2）居住用地规划布局。

以村西南和村北的两块空地为启动地块，作为以艾青故居为中心的核心区改造和1号路等主干道拆迁的安置地块，安排住宅。核心区改造应减少建筑密度，完善基础设施，改造和拆建4类农民居房，增加绿化覆盖率，新区按规划设计标准建设。

农户住宅面积标准为90m²和120m²两种，根据农居所处环境确定，应考虑建筑间距，道路交通等因素，一般农居院落布置在入口方向，进深6m左右。

8. 公共设施规划

（1）公共设施规划原则。

①按中心村的标准配置公共设施，按照公共设施的使用频率和服务对象，宜集中与分散相结合，形成一个满足人们生产、生活需要的公建体系。

②用地布局应体现地租级差规律。

③注重公共建筑及公共建筑区的景观效果，丰富村庄景观风貌。

④增加文化娱乐和体育活动设施，提高村民文化素质，丰富生活。

（2）公共设施规划布局。

考虑到村庄距离傅村镇集贸市场所在地仅 1000 余 m，村民一向有步行去镇集贸市场的传统习惯，村庄不单独安排集贸市场（见图 7-3）。

图 7-3　畈田蒋村公共设施分布图

9. 村庄景观规划

(1)村庄景观现状问题。

村中的建筑以传统的建筑风貌为主，近年来，虽经局部建设的调整，但居住环境较差，缺少对外交流，尤其是缺少对自然、水面的交流。建筑形式多为各自建设，比较乱，没有形成一个整体意象，已无法体现具有地方特色的乡土文化价值。

(2)村庄景观规划。

①村庄景观结构为"一心、一轴、两线"(见图 7-4)，一心是以艾青故居和即将修复的艾青祖居为中心的景观核心，一轴是南北向贯穿全村的 1 号路，两线分别是艾青广场南面的 2 号路和艾青广场北面的 3 号路沿线，各区的建筑要考虑自然景观的楔入，打通相应的景观视廊。

图 7-4 畈田蒋村景观分析图

②在村南进村入口处立一牌坊类标志物，标识畈田蒋村为艾青故里，以提升村庄的文化品位与文化内涵。

③建筑形式结构分为 3 大块：核心区为具有地方特色、富有中国传统乡土文化的古建筑群，村西南、村西北及村北为抽象传统建筑符号的现代化农居建筑，村东南为富有多种格调的高级住宅区。

④建筑材料的选择以选用当地出产的材料为主，提倡用材的多样性，运用恰当的材料体现恰当的建筑风格。

⑤建筑色彩要与整体的村庄环境相协调，总体上以黑白为基调色，层高一般控制在 3 层，所有建筑均为坡屋顶。

⑥重视村庄内部空地的绿化，路面的铺砌。

10. 道路广场规划

(1)道路交通系统规划本着因势利导，畅通便捷的原则，另一方面要尽量保留质量较好的建筑，同时按消防、救护、抗灾的要求进行定位。

①村庄对外交通规划与金东区区域路网框架相结合，使客、货流进出畅通。

②村内部交通规划主要是打通以下几条主要干道：

本村交通道路等级分四级组成。主干道控制红线 24m，次干道控制红线 12m，一般道路 6~8m 宽，形成四横三纵道路交通网络。

③建筑道路后退一般为 2m，特殊情况不得小于 1m。

④村内主干道道路路面全部硬化。

⑤车站位于村南傅溪公路入口东侧，占地 840m²。

⑥竖向规划。排水分区按地形分为东区和西区，东区排水方向为由西向东；西区排水方向为由东向西。

建筑室内地坪标高应与道路标高相互协调，高于周围道路路面标高不小于 0.3m，在节约土方的前提下，更多提供满足建设要求的建筑空间。

畈田蒋村交通分析图如图 7-5 所示。

(2)广场规划。

规划在艾青故居和艾青祖居的北面和南面建设艾青广场，总占地面积为 3500 余 m²，广场设计的大致思路是在南面广场的前方设置一标志性雕塑(如艾青像)，在艾青像北边，广场主入口两侧设置喷水池，广场内部以地面铺砌为主，以打通相应的景观视廊，可作为村民散步、休闲的主要场所。北面的广场内部设置一些园艺小品和石桌石凳，外围辅以绿化，使其与艾青故居和艾青祖居的文化内涵和景观特色相协调，创造一种幽雅的、诗意的气氛。

11. 环境保护规划

为保护好畈田蒋村的自然环境，为村民创造一个良好的生产和生活环境，必须加强村庄环境保护规划，环境保护规划的原则是："合理布局、方便群众、因地制宜、美化环境"，促进环境卫生事业的发展。

(1)制定《畈田蒋村环境管理规定》。

(2)生活垃圾采用垃圾收集后集中填没处理，远期规划运至金东区域北片区垃圾填埋场集中处理。

(3)拆除所有露天厕所，建两所 50m² 的公厕，每四幢住宅建设一垃圾收集池。

(4)大力开展生态农业建设和绿化建设。

12. 艾青故居等古建筑保护与旅游开发规划

畈田蒋村古建筑的历史人文景观价值很高，除著名诗人艾青的故居外，还有冬校、九

	起点	止点	总长度 （米）	总宽度 （米）
傅溪公路	村南	村北	500	24
1号路	傅溪公路	村北	380	12
2号路	傅溪公路	4号路	290	12
3号路	傅溪公路	4号路	210	10
4号路	村南	村北	420	6
5号路	村西水渠	傅溪公路	250	6

图 7-5　畈田蒋村交通分析图

间、五间、十八间、明加三间二盘头、红屋等具有百余年历史、具有传统江南民居特色的古建筑，但经过"文革"的破坏和长期以来的年久失修，现状保存完好率已急剧下降，急需对其进行合理的保护和修葺。

（1）保护的原则。

①整体性原则。

畈田蒋村的古建筑分布相对集中，其布局、形式、体量与周围环境互相融合为一体，是"古建筑+自然环境+历史氛围"的多元统一，具体体现出江南古村落传统和文化风貌。因此对畈田蒋村的古建筑的保护要从整体上考虑，而非单体的某一幢或某几幢古建筑的保护。

②开发性原则。

对于畈田蒋村的古建筑的保护，不能单纯地理解为保存下来不受毁坏，这只能算是一种消极意义上的保护，积极意义上的保护，应该从现代价值观念出发，使其历史价值、艺术价值、科学价值、文化价值、教育价值等不断地得到开发提升，从而发挥更大的社会效益。也即不单是使其免于损坏，更多的是发挥它的科学文化和教育价值，既让今天的人们认识历史，也让人们感悟历史，从中得到新的启发。例如，艾青故居和艾青祖居的修复与开发，对于弘扬民族文化传统，进行爱国主义教育，加强精神文明建设具有非常重要的意义。

同时，开发性原则在带来社会效益的同时也带来经济效益。目前普遍存在古建筑保护的费用紧缺的难题，用合理的开发(如旅游等)获得的经济效益投入到保护中去，将起到很好的效果。

(2)艾青故居等古建筑保护与旅游开发规划。

根据畈田蒋村艾青故居等古建筑的保护开发的原则和其较高的历史文化价值和教育价值，加上其优越的交通区位条件、其规划保护应与旅游开发相结合，借金华市全国优秀旅游城市和双龙洞国家级风景旅游区的优势，依托著名诗人艾青在全国乃至世界的知名度和影响力，发展文化旅游。具体建议：

①对村内重要的古建筑作文物性或半文物性保护规划，如对艾青故居、九间、三间二盘头等要尽可能保护原样，从外貌特征和内部布局上基本不做改动，只允许个别地方作适当调整。

②尽早在原地旧址修复艾青祖居。

③对整个畈田蒋村核心区进行风貌性保护规划，即从宏观上保护古建筑风貌，只允许核心区的一部分住宅作内部更新处理和改建，但外部改建必须服从村庄总体控制性规划，保持原有风貌不变。

④在村庄核心区外围的规划建筑层高必须进行控制，建筑高度应像一条线，中心区的建筑高度较低，越往外，可以逐渐增高。形成新的、有序的面貌，从村中核心区向外看到的应该是美丽的天际线。

⑤拆迁核心区的部分旧宅，以降低核心区的建筑密度，以利于保护古村原有的历史环境。

⑥改善公共基础设施建设，加强公共绿地建设，特别是艾青广场绿地建设。

⑦在进村入口处设立以艾青为主题的各类标志物，以提升村庄的文化品位，体现村庄的文化内涵。

⑧加强区域合作和景点组合，使畈田蒋村成为金华市双龙旅游圈的一部分。

13. 近期建设规划

(1)近期建设的原则。

在畈田蒋村庄建设规划的总体发展战略指导下，从全村的社会经济发展出发，合理安排畈田蒋村的各项近期建设，使全村的建设在社会、经济、环境统一的前提下协调发展。

既充分兼顾村庄建设的现状、现有的基础，同时又充分预见未来的可能，妥善处理近、远期建设的衔接。

(2)近期建设用地发展。

①尽快开展村西南和村北新区地块的用地审批和住宅建设，使核心区村民的拆迁顺利进行。

②拆迁村中中轴线1号路两边的旧住宅，建设村中主干道。

③拆除艾青故居周围旧宅，修复艾青祖居，建设艾青广场，加强周边的绿化建设。

④加强对现有住宅区的基础设施建设。

14. 规划实施管理和资金筹措

(1)规划实施本着"合理利用、普遍改善、分期实施"的原则进行。

(2)村规划区内的任何改建、扩建、新建须经金东区村镇规划建设管理行政主管部门审批,实行许可证制度。

(3)对规划区内的土地由村集体根据规划统一进行有效、合理的配置,一户一宅房址是规划实施的基本保证。

(4)实施规划须有技术支持,积极推广农居通用图,对其他公共建筑须由持证设计单位设计。

(5)贯彻农民村庄农民建的方针多渠道筹集资金,除保持传统的融资渠道外,住宅区公共设施投入的资金,主要来源于盘活土地资源。艾青故居的修复主要是争取上级有关部门给予政策优惠、获取国家和上级政府政策扶持资金,以确保现代化建设目标的实现。

7.3.2　实验二　磐安县玉山镇总体规划——西坑畈区域

1. 项目概况

玉山镇位于磐安县东北部,东与尖山镇相连,南与万苍乡、尚湖镇相接,西及北与东阳交界,西南与九和乡相连。全镇地域总面积为 62.4km²,现镇政府驻地——岭口至磐安县城安文镇 60km,至东阳市区 72km。

本次规划区的西坑畈区块,位于玉山镇域中腹,距万苍乡 7km,九和乡 11km,岭口 3.5km,尖山 7.5km,是相邻乡镇的必经之路。西坑畈四面环山,规划区位于中间地势平坦的谷地,春季回暖迟,秋季降温早,形成冬春长而夏秋短的特征,夏季主导风以东南风为主,冬季以西北风为主。

2. 规划范围、目标

在规划期内,逐步实现城市化与工业化协调发展,形成区域空间布局合理、职能分工明确、等级有序的城乡发展空间。

区域发展总体目标是将西坑畈建成磐安县玉山镇现代化中心区域。具体内容包括:

(1)建设二十一世纪宜人人居环境。

(2)形成区域现代化产业基地。

(3)构筑区域交通枢纽。

区域人口:2002 年为 0.567 万人;2005 年为 0.7 万人;2010 年为 1.2 万人;2020 年为 1.5 万人。

人口预测比较复杂,影响因素比较多,所以,我们根据现状发展情况比较了多种预测方法后,采用了"综合平衡法"为主,计算出区域总人口。

计算区域总人口:

$$A = K \times (1 + \alpha) \times n + R \times n$$

式中:A 为规划期末总人口;K 为基期人口总数;α 为规划年自然增长率;n 为年限;R 为规划每年人口增长数(包括暂住人口)。

各个期限取值分别见表 7-1。

表 7-1 各个期限取值

年份	2005	2010	2020
α	5.4‰	4.7‰	4.3‰
R	500	800	500

$A_{近期} = 0.567 \times (1+5.4‰)3 + 0.05 \times 3 = 0.7262$（取值 0.7）

$A_{中期} = 0.5762 \times (1+4.7‰)5 + 0.05 \times 3 + 0.08 \times 5 = 1.1399$（取值 1.2）

$A_{远期} = 0.5899 \times (1+4.3‰)10 + 0.05 \times 3 + 0.08 \times 5 + 0.05 \times 10 = 1.6658$（取值 1.5）

规划范围：本次规划区主要包括中湖、马塘、孔畈、浮牌、方塘、西坑畈等，面积 2.78km²。西坑畈区域规划用地平衡表见表 7-2。

表 7-2 西坑畈区域规划用地平衡表

序号	用地代码	用地名称	面积（hm²）	人均建设用地	占总用地比例（%）
1	R	居住用地	57.35	38	22
	其中	近期用地	20.85	13.8	8
		中期用地	28.68	19	11
		远期用地	10.43	6.9	4
2	C	公共设施用地	25.69	17	9.8
	其中	近期用地	8.39	5.5	3.2
		中期用地	12.06	8	4.6
		远期用地	5.24	3.5	2
3	M	工业用地	57.83	38	22
	其中	近期用地	24.59	15.5	9
		中期用地	24.59	15.5	9
		远期用地	7.89	7	3
4	T	对外交通用地	0.65	0.4	0.2
5	S	道路交通用地	51.49	34	19.6
6	U	市政设施用地	2.3	1.5	0.9
7	G	绿地	67	44.7	25.5
	G1	公共绿地	62	41	
	G2	防护绿地	5		
8		建设用地	262.3	174.8	100

3. 规划原则

(1)坚持可持续发展的战略指导思想,突出保护和改善生态环境,提高生活质量。

(2)以人为本,全面协调经济、社会、环境发展之间的关系,努力创造经济发达、社会繁荣、环境优美的工作环境和生活空间,满足人们日益增长多样化的生活需要。

(3)适应市场经济发展的趋势,充分利用土地资源的级差地租规律,合理用地,集约用地,提高土地综合效益。

玉山镇近期建设图如图 7-6 所示。

图 7-6 玉山镇近期建设图

4. 规划布局结构

(1)空间布局体现基本原则。

①区域一体化。包括两层含义:在本区域范围内体现城乡空间有机融合;对外区域沟通积极主动。

②发展可持续。要体现现代化的人居环境要求,突出生态优先、以人为本思想。

玉山镇总体布局如图 7-7 所示。

(2)功能结构。

围绕生态绿核形成"一核居中、六区环绕"整体功能结构(见图 7-8)。

①"一核"是西坑畈区域核心功能区,承担商务中心、文化中心、金融中心、教育中

心等。

②"六区环绕"是构成西坑畈区域实体的重要组成部分，包括四个居住社区和两个产业基地。

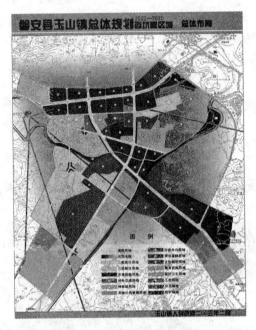

图 7-7 玉山镇总体布局图

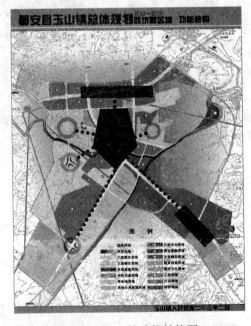

图 7-8 玉山镇功能结构图

5. 公共设施规划

(1)公共设施规划原则。

①城镇公共设施应从积极发展第三产业的角度出发,应加强集镇的综合功能。

②用地布局应体现地租级差规律,各种公共设施的使用频率和服务对象,宜集中与分散相结合,分级成套布置,形成一个满足人们生产、生活需要的共建服务网络。

③注重公共建筑及公共建筑区的景观效果,丰富城市景观面貌。

④增加文化娱乐和体育活动设施,提高市民文化素质,丰富精神生活。

(2)公共设施规划布局。

为增加集聚因素和效果,公共设施布局基本上集中于西坑畈核心区。总面积为 25.69hm²,占总用地的 8.50%。

6. 居住用地规划

(1)居住用地规划原则。

①居住用地规划建设必须坚持"以人为本"的指导原则,进行统一规划,并注重住宅商业化建设进程。

②居住用地规划建设必须注重高质量居住生活环境的创造,注意公共市政基础设施的完善,注意公共绿化空间的创造。

③居住用地规划建设必须与社会经济的发展和城市规模的扩大相协调,并满足社会不同居住层次水平的需要。

④居住用地规划建设必须考虑社区环境文化、生态、效益原则,并为社区统一管理创造条件。

(2)居住用地规划布局。

①规划结构。

西坑畈居住用地结构主要由组团组成。

②规划布局。

根据总体布局,居住用地由 7 个组团构成:方塘(8hm²)、中湖(3hm²)、孔畈(4hm²)、浮牌(13hm²)、马塘(5hm²)构成三类居住用地;孔畈北安排占地 3hm² 一类居住用地;三中西侧安排占地 21hm² 二类居住用地。

(3)中小学教育设施规划布局。

随着城市建设的进一步发展,根据总体规划布局,玉山镇中小学调整和布局如下:

①对磐安三中进行扩建,占地 47500m²。

②对原浮牌小学进行扩建,占地 25500m²。

③新建一所初中,在磐安三中南侧,占地 38500m²。

④其他配套设施用地

居住区内公建、道路、公共绿地应严格按照规范要求,控制用地比例如下:公建用地 20%~32%,道路用地 8%~15%,公共绿地 7.5%~15%。

7. 工业仓储用地规划

(1)工业用地布局原则。

①规划弹性原则。充分考虑城镇发展中的不确定因素和土地使用中的市场作用因素,

为工业区土地使用提供多种选择的可能性。

②规模经济原则。同类工业或在生产上联系密切的工业应相对集中布局，达到生产要素的极佳组合，提高规模集聚效益。

③环境保护原则。严格控制重污染企业发展，统一进行工业区污染治理，保护生态环境。

（2）工业用地规划布局。

玉山镇西坑畈工业用地主要分布在 3 个区块：岭口—尖山公路两侧，区块面积 $30hm^2$；门前畈区块面积 $38hm^2$；岭口—安文区块面积 $24hm^2$。重点发展劳动密集型来料、来单加工产业，方便镇区居民就业，同时吸纳周边农村劳动力，工业用地总面积 $57.83hm^2$，同时在岭口—安文马塘方向，岭口—尖山公路边控制 $1km^2$ 工业发展备用地。

（3）仓储用地规划原则。

①仓储用地要与城市经济发展相适应，配置足够的仓储用地；

②对易燃、易爆、有毒的危险品，应根据安全防护要求，设立专门仓储区。

③仓储用地要配备与储品储量相当的防灾基础设施。

（4）仓储用地规划。

仓储用地规划基本上以工厂内部留有的仓储场地为主，考虑到现代物流业的畅通发达，已无需大面积的仓储空间，故规划区内不另外单独安排仓储用地。

8. 绿化景观规划

（1）规划原则。

①在总体规划指导下，深入研究和完善城镇形态，把握城镇风格，提出各景观要素的规划方式和规划行为，以期建立现代化的生态城镇。

②近期和远期相结合，近期考虑城市景观建设的可操作性，远期考虑城市景观的整体性和城镇的可持续发展。

（2）绿地规划目标。

按照国家的有关规定，结合玉山镇西坑畈的实际情况，绿地规划综合考虑了城镇生态、城镇景观、城镇居民生活需求、防震救灾等多方面因素，玉山镇绿化组织如图 7-9 所示，规划城镇绿地指标如表 7-3 所示。

表 7-3　　　　　　　　　　规划城镇绿地指标

指标　　　　规划期限	2005 年	2010 年	2020 年
绿化覆盖率	35%	40%	45%
绿地率	30%	35%	40%
人均公共绿地面积	$6.15m^2$	$9m^2$	$41m^2$

9. 道路广场规划

（1）战略及对外交通。

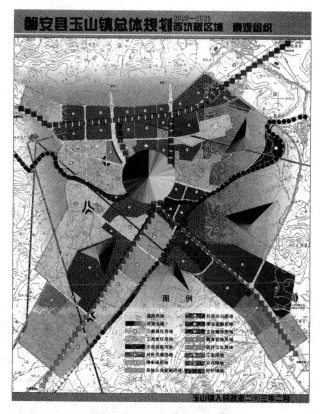

图 7-9　玉山镇绿化组织图

西坑畈位于磐安县北部,是磐安县域北大门之一和重要的交通枢纽节点,几条重要公路均以西坑畈为中心呈放射状分布。

公路将建成"女"字形的道路主骨架,"女"字上面的"一横"为岭口—尖山公路(二级公路);"一撇"为岭口—九和公路(二级公路);"一捺"为岭口—安文公路(二级公路)。

(2)城市道路交通。

由于历史的原因,城市必然是松散的组团式格局。对城市加强各片区之间的联系将起到积极的作用;同时也为城市的客货运输、对外交通提供快速通道。

①规划目的。规划建设结构完善、具有前瞻性和可操作性,且包括有一定弹性的道路网络。

②城市道路功分类。分主干道、次干道、支路三级。

③主干道。功能为集疏,为对外交通、片区之间及片区内的机动车辆提供通道。

④次干道。功能为分流,兼有交通性和生活性作用。

⑤城公共停车场规划。结合用地规划,在核心区和主要生活区各设置社会公共停车场一个,面积分别为 6630m² 和 4400m²。

⑥城市广场规划。结合核心区设置中心广场,占地 4500m²,功能主要是绿化、景观、休闲、交往。

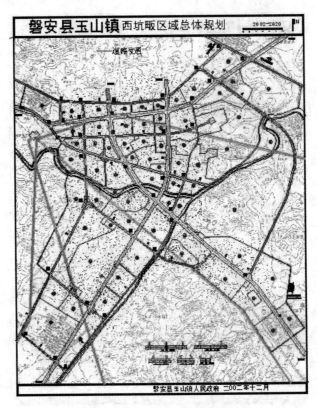

图 7-10　玉山镇道路交通图

玉山镇道路交通图如图 7-10 所示，全路网各规划道路一览表如表 7-4 所示。

表 7-4　　　　　　　　　　　　　　全路网各规划道路一览表

编　号	道路名称	道路等级	红线宽度（m）	道路横断面			
				人行道	机动车道	非机动车道	隔离带
A1-A9	繁荣路	主干道	30	2×3.0	22		2.0
B1-B7	大康路	主干道	24	2×4.5	15.0		
C1-C7		支路	12	2×2.5	7.0		
D1-D3-C4-A4-B4-E3		次干道	16	2×3.5	9.0		
D2-J2-C2-A2-B2-E1-G2-H2		主干道	30	2×3.0	22		2.0
D3-C3-A3-B3-E2	府前街	次干道	12	2×2.5	7.0		
C5-B5-F1		次干道	20	2×4.0	12.0		
A7-F1-F3		支路	12	2×2.5	7.0		
G1-G2-A9		次干道	16	2×3.5	9.0		

续表

编　号	道路名称	道路等级	红线宽度(m)	道路横断面			
				人行道	机动车道	非机动车道	隔离带
J1-j2		次干道	16	2×3.5	9.0		
E1-E2-E3-A6		支路	12	2×2.5	7.0		
C6-B6-F2		支路	12	2×2.5	7.0		
C7-B7-F3		支路	12	2×2.5	7.0		
J1-C1-A1-B1-G1-H1		支路	12	2×2.5	7.0		

【主要参考文献】

[1]金兆森,张晖.村镇规划[M].南京:东南大学出版社,2005.

[2]金兆森.农村规划与村庄整治[M].北京:中国建筑工业出版社,2010.

[3]崔英伟,邵旭.村镇规划[M].北京:中国建材工业出版社,2008.

[4]张军民,冀晶娟.新时期村庄规划控制研究[J].城市规划,2008,32(12):58-61.

[5]常瑞甫,肖运来.县域尺度上新农村建设规划初探[J].农业工程学报,2007,23(6):281-284.

[6]吴银玲."反规划"在新农村生态环境建设中的应用[J].河北农业科学,2009,13(7):69-70.

[7]孙丽深.村镇规划中的形态整合[J].工程质量,2008(6):51-55.

[8]马广钦,巴明廷.城市化进程中的都市村庄改造和现代化建设[J].地域研究与开发,2005,24(2):42-46.

[9]陈志文,李惠娟.中国江南农村居住空间结构模式分析[J].农业现代化研究,2007,28(1):15-19.

[10]蔡欣.镇村布局规划初探[J].江苏城市规划,2006,(2):32-35.

7.4 实验作业

7.4.1 实验一

请选择你的家乡所在的村庄(社区)或浙江师范大学周边的某个村庄,结合具体的实际情况,根据以上村庄建设规划的文本内容和图纸内容要求,可以有选择地完成村庄建设规划的相应的文本和图纸内容。

实验作业成果包括规划说明书和图纸两大部分,其中图纸内容不做具体限定,打印装订成册上交。

7.4.2　实验二

　　请选择你的家乡所在乡镇或金华市婺城区的某个乡镇，结合所选取乡镇的具体实际情况，根据以上小城镇总体规划的有关文本内容和图纸内容要求，可以有选择地完成所选取乡镇总体规划的相应的文本和图纸内容。

　　实验作业成果包括规划文本，图纸和附件三部分，其中规划说明书和基础资料汇编收入附件，图纸内容不做具体限定，打印装订成册上交。

附录一

城市居住区规划设计规范
Code of urban Residential Areas Planning & Design

中华人民共和国国家标准 GB 50180—93

（2002 年版）

中华人民共和国建设部

2002 年 3 月 11 日

1 总 则

1.0.1 为确保居民基本的居住生活环境，经济、合理、有效地使用土地和空间，提高居住区的规划设计质量，制定本规范。

1.0.2 本规范适用于城市居住区的规划设计。

1.0.3 居住区按居住户数或人口规模可分为居住区、小区、组团三级。各级标准控制规模，应符合表 1.0.3 的规定。

表 1.0.3 居住区分级控制规模

	居住区	小区	组团
户数（户）	10000~16000	3000~5000	300~1000
人口（人）	30000~50000	10000~15000	1000~3000

1.0.3a 居住区的规划布局形式可采用居住区-小区-组团、居住区-组团、小区-组团及独立式组团等多种类型。

1.0.4 居住区的配建设施，必须与居住人口规模相对应。其配建设施的面积总指标，可根据规划布局形式统一安排、灵活使用。

1.0.5 居住区的规划设计，应遵循下列基本原则：

1.0.5.1 符合城市总体规划的要求；

1.0.5.2 符合统一规划、合理布局、因地制宜、综合开发、配套建设的原则；

1.0.5.3 综合考虑所在城市的性质、社会经济、气候、民族、习俗和传统风貌等地方特点和规划用地周围的环境条件，充分利用规划用地内有保留价值的河湖水域、地形地物、植被、道路、建筑物与构筑物等，并将其纳入规划；

1.0.5.4 适应居民的活动规律，综合考虑日照、采光、通风、防灾、配建设施及管理要求，创造安全、卫生、方便、舒适、和优美的居住生活环境；

1.0.5.5 为老年人、残疾人的生活和社会活动提供条件；

1.0.5.6 为工业化生产、机械化施工和建筑群体、空间环境多样化创造条件；

1.0.5.7 为商品化经营、社会化管理及分期实施创造条件；

1.0.5.8 充分考虑社会、经济和环境三方面的综合效益；

1.0.6 居住区规划设计除执行本规范外，尚应符合国家现行的有关法律、法规和强制性标准的规定。

2　术语、代号

2.0.1　城市居住区

一般称城市居住区,泛指不同居住人口规模的居住生活聚居地和特指城市干道或自然分界线所围合,并与居住人口规模(30000～50000人)相对应,配建有一整套较完善的、能满足该区居民物质与文化生活所需的公共服务设施的居住生活聚居地。

2.0.2　居住小区

一般称小区,是指被城市道路或自然分界线所围合,并与居住人口规模(10000～15000人)相对应,配建有一套能满足该区居民基本的物质与文化生活所需的公共服务设施的居住生活聚居地。

2.0.3　居住组团

一般称组团,指一般被小区道路分隔,并与居住人口规模(1000～3000人)相对应,配建有居民所需的基层公共服务设施的居住生活聚居地。

2.0.4　居住区用地(R)

住宅用地、公建用地、道路用地和公共绿地等四项用地的总称。

2.0.5　住宅用地(R01)

住宅建筑基底占地及其四周合理间距内的用地(含宅绿地和宅间小路等)的总称。

2.0.6　公共服务设施用地(R02)

一般称公共用地,是与居住人口规模相对应配建的、为居民服务和使用的各类设施的用地,应包括建筑基底占地及其所属场院、绿地和配建停车场等。

2.0.7　道路用地(R03)

居住区道路、小区路、组团路及非公建配建的居民小汽车、单位通勤车等停放场地。

2.0.8　居住区(级)道路

一般用以划分小区的道路。在大城市中通常与城市支路同级。

2.0.9　小区(级)路

一般用以划分组团的道路。

2.0.10　组团(级)路

上接小区路、下连宅间小路的道路。

2.0.11　宅间小路

住宅建筑之间连接各住宅入口的道路。

2.0.12　公共绿地(R04)

满足规定的日照要求、适合于安排游憩活动设施的、供居民共享的集中绿地,包括居住区公园、小游园和组团绿地及其他块状带状绿地等。

2.0.13　配建设施

与人口规模或与住宅规模相对应配套建设的公共服务设施、道路和公共绿地的总称。

2.0.14 其他用地(E)

规划范围内除居住区用地以外的各种用地，应包括非直接为本区居民配建的道路用地、其他单位用地、保留的自然村或不可建设用地等。

2.0.15 公共活动中心

配套公建相对集中的居住区中心、小区中心和组团中心等。

2.0.16 道路红线

城市道路(含居住区级道路)用地的规划控制线。

2.0.17 建筑线

一般称建筑控制线，是建筑物基底位置的控制线。

2.0.18 日照间距系数

根据日照标准确定的房屋间距与遮挡房屋檐高的比值

2.0.19 建筑小品

既有功能要求，又具有点缀、装饰和美化作用的、从属于某一建筑空间环境的小体量建筑、游憩观赏设施和指示性标志物等的统称。

2.0.20 住宅平均层数

住宅总建筑面积与住宅基底总面积的比值(层)。

2.0.21 高层住宅(大于等于 10 层)比例

高层住宅总建筑面积与住宅总建筑面积的比率(%)。

2.0.22 中高层住宅(7~9 层)比例

中高层住宅总建筑面积与住宅总建筑面积的比率(%)。

2.0.23 人口毛密度

每公顷居住区用地上容纳的规划人口数量(人/hm²)。

2.0.24 人口净密度

每公顷住宅用地上容纳的规划人口数量(人/hm²)。

2.0.25 住宅建筑套密度(毛)

每公顷居住区用地上拥有的住宅建筑套数(套/hm²)。

2.0.26 住宅建筑套密度(净)

每公顷住宅用地上折有的住宅建筑套数(套/hm²)。

2.0.27 住宅建筑面积毛密度

每公顷居住区用地上拥有的住宅建筑面积(万 m²/hm²)。

2.0.28 住宅建筑面积净密度

每公顷住宅用地上拥有的住宅建筑面积(万 m²/hm²)

2.0.29 建筑面积毛密度

也称容积率，是每公顷居住区用地上拥有的各类建筑的建筑面积(万 m²/hm²)或以居住区总建筑面积(万 m²/hm²)与居住区用地(万 m²/hm²)的比值表示。

2.0.30 住宅建筑净密度

住宅建筑基底总面积与住宅用地面积的比率(%)。

2.0.31 建筑密度

居住区用地内，各类建筑的基底总面积与居住区用地的比率(%)。

2.0.32　绿地率

居住区用地范围内各类绿地的总和占居住区用地的比率(%)

绿地应包括：公共绿地、宅旁绿地、公共服务设施所属绿地和道路绿地(即道路红线内的绿地)，其中包括满足当地植树绿化覆土要求、方便居民出入的地下或半地下建筑的屋顶绿地，不应包括屋顶、晒台的人工绿地。

2.0.32a　停车率

指居住区内居民汽车的停车位数量与居住户数的比率(%)

2.0.32b　地面停车率

居民汽车的地面停车位数量与居住户数的比率(%)

2.0.33　拆建比

拆除的原有建筑总面积与新建的建筑总面积的比值。

2.0.34　(取消该条)

2.0.35　(取消该条)

3　用地与建筑

3.0.1　居住区规划总用地，应包括居住区用地和其他用地两类。其各类、项用地名称可采用本规范第2章规定的代号标志。

3.0.2　居住区用地构成中，各项用地面积和所占比例应符合下列规定：

3.0.2.1　居住区用地平衡表的格式，应符合本规范附录A，第A.0.5条的要求。参与居住区用地平衡的用地应为构成居住区用地的四项用地，其他用地不参与平衡；

3.0.2.2　居住区内各项用地所占比例的平衡控制指标，应符合表3.0.2的规定。

表3.0.2　　　　　**居住区用地平衡控制指标(%)**

用地构成	居住区	小区	组团
1.住宅用地(R01)	50~60	55~65	70~80
2.公建用地(R02)	15~25	12~22	6~12
3.道路用地(R03)	10~18	9~17	7~15
4.公共绿地(R04)	7.5~18	5~15	3~6
居住区用地(R)	100	100	100

3.0.3　人均居住区用地控制指标，应符合表3.0.3规定。

表 3.0.3 人均居住区用地控制指标（m²/人）

居住规模	层数	建筑气候区划		
		Ⅰ、Ⅱ、Ⅵ、Ⅶ	Ⅲ、Ⅴ	Ⅳ
居住区	低层	33~47	30~43	28~40
	多层	20~28	19~27	18~25
	多层、高层	17~26	17~26	17~26
小区	低层	30~43	28~40	26~37
	多层	20~28	19~26	18~25
	中高层	17~24	15~22	14~20
	高层	10~15	10~15	10~15
组团	低层	25~35	23~32	21~30
	多层	16~23	15~22	14~20
	中高层	14~20	13~18	12~16
	高层	8~11	8~11	8~11

注：本表各项指标按每户 3.2 人计算。

3.0.4 居住区内建筑应包括住宅建筑和公共服务设施建筑（也称公建）两部分；在居住区规划用地内的其他建筑的设置，应符合无污染不扰民的要求。

4 规划布局与空间环境

4.0.1 居住区的规划布局，应综合考虑周边环境、路网结构、公建与住宅布局、群体组合、绿地系统及空间环境等的内在联系，构成一个完善的、相对独立的有机整体，并应遵循下列原则：

4.0.1.1 方便居民生活，有利安全防卫和物业管理；

4.0.1.2 组织与居住人口规模相对应的公共活动中心，方便经营、使用和社会化服务；

4.0.1.3 合理组织人流、车流和车位停放，创造安全、安静、方便的居住环境；

4.0.1.4 （取消该款）

4.0.2 居住区的空间与环境设计，应遵循下列原则：

4.0.2.1 规划布局和建筑应体现地方特色，与周围环境相协调；

4.0.2.2 合理设置公共服务设施，避免烟气（味）、尘及噪声对居民的污染和干扰；

4.0.2.3 精心设置建筑小品，丰富与美化环境；

4.0.2.4 注重景观和空间的完整性，市政公用站点等宜与住宅或公建结合安排；供电、电讯、路灯等管线宜地下埋设；

4.0.2.5 公共活动空间的环境设计，应处理好建筑、道路、广场、院落绿地和建筑小品之间及其与人的活动之间的相互关系。

4.0.3 便于寻访、识别的街道命名。

4.0.4 在重点文物保护单位和历史文化保护区保护规划范围内进行住宅设计，其规划设计必须遵循保护规划的指导；居住区内的各级文物保护单位和古树名木必须依法予以保护；在文物保护单位的建设控制地带内的新建建筑和构筑物，不得破坏文物保护单位的环境风貌。

5 住 宅

5.0.1 住宅建筑的规划设计，应综合考虑用地条件、选型、朝向、间距、绿地、层数与密度、布置方式、群体组合、空间环境和不同使用者的需要等因素确定。

5.0.1A 宜安排一定比例的老年人居住建筑。

5.0.2 住宅间距，应以满足日照要求为基础，综合考虑采光、通风、消防、防震、管线埋设、视觉卫生等要求确定。

5.0.2.1 住宅日照标准应符合表 5.0.2-1 规定；对于特定情况还应符合下列规定：

(1)老年人居住建筑不应低于冬至日日照 2 小时的标准；

(2)在原设计建筑外增加任何设施不应使相邻住宅原有日照标准降低；

(3)旧区改建的项目内新建住宅日照标准可酌情降低，但不宜低于大寒日日照 1 小时的标准。

表 5.0.2-1　　　　　　　　　　住宅建筑日照标准

建筑气候区划	Ⅰ，Ⅱ，Ⅲ，Ⅶ气候区		Ⅳ气候区		Ⅴ，Ⅵ气候区
	大城市	中小城市	大城市	中小城市	
日照标准日	大寒日				冬至日
日照时数(h)	≥2		≥3		≥1
有效日照时间带(h)	8~16				9~15
日照时间计算起点	底层窗台面				

注：①建筑气候区划应符合本规范附录 A 第 A.0.1 条的规定。

②底层窗台面是指距离室内地坪 0.9m 高的外墙位置。

5.0.2.2 住宅正面间距，应按日照标准确定的不同方位的日照间距系数控制，也可采用表 5.0.2-2 不同方位间距折减系数换算。

表 5.0.2-2 不同方位间距折减系数

方位	0°~15°	15°~30°	30°~45°	45°~60°	>60°
折减值	1.00L	0.90L	0.80L	0.90L	0.95L

注：①表中方位为正南向(0°)偏东、偏西的方位角。

②L 为当地正南向住宅的标准日照间距(m)。

③本表指标仅适用于无其他日照遮挡的平行布置条式住宅之间。

5.0.2.3 住宅侧面间距，应符合下列规定：

(1)条式住宅，多层之间不宜小于 6m；高层与各种层数住宅之间不宜小于 13m；

(2)高层塔式住宅、多层和中高层点式住宅与侧面有窗的各种层数住宅之间应考虑视觉卫生因素，适当加大间距。

5.0.3 住宅布置，应符合下列规定：

5.0.3.1 选用环境条件优越的地段布置住宅，其布置应合理紧凑；

5.0.3.2 面街布置的住宅，其出入口应避免直接开向城市道路和居住区级道路；

5.0.3.3 在 Ⅰ、Ⅱ、Ⅵ、Ⅶ建筑气候区，主要应利于住宅冬季的日照、防寒、保温与防风沙的侵袭；在 Ⅲ、Ⅳ建筑气候区，主要应考虑住宅夏季防热和组织自然通风、导入室的要求；

5.0.3.4 在丘陵和山区，除考虑住宅布置与主导风向的关系外,，尚应重视因地形变化而产生的地方风对住宅建筑防寒、保温或自然通风的影响；

5.0.3.5 老年人居住建筑宜靠近相关服务设施和公共绿地。

5.0.4 住宅设计标准，应符合现行国家标准《住宅设计规范》GB 50096-99 的规定，宜采用多种户型和多种面积标准。

5.0.5 住宅层数，应符合下列规定：

5.0.5.1 根据城市规划要求和综合经济效益，确定经济的住宅层数与合理的层数结构；

5.0.5.2 无电梯住宅不应超过六层。在地形起伏较大的地区,，当住宅分层入口时，可按进入住宅后的单程上或下的层数计算。

5.0.6 住宅建筑面积净密度，应符合下列规定：

5.0.6.1 住宅建筑净密度的最大值，不宜超过表 5.0.6-1 规定；

表 5.0.6-1 住宅建筑净密度控制指标(%)

住宅层数	建筑气候区划		
	Ⅰ、Ⅱ、Ⅵ、Ⅶ	Ⅲ、Ⅴ	Ⅳ
低层	35	40	43
多层	28	30	32
中高层	25	28	30
高层	20	20	22

注：混合层取两者的指标值作为控制指标的上、下限值。

5.0.6.2 住宅建筑面积净密度的最大值，应符合表5.0.6-2规定。

表5.0.6-2   **住宅建筑面积净密度控制指标(万 m² /hm²)**

住宅层数	建筑气候区划		
	Ⅰ、Ⅱ、Ⅵ、Ⅶ	Ⅲ、Ⅴ	Ⅳ
低层	1.10	1.20	1.30
多层	1.70	1.80	1.90
中高层	2.00	2.20	2.40
高层	3.50	3.50	3.50

注：①混合层取两者的指标值作为控制指标的上、下限值；
②本表不计入地下层面积。

6 公共服务设施

6.0.1 居住区公共服务设施(也称配套公建)，应包括：教育、医疗卫生、文化体育、商业服务、金融邮电、社区服务、市政公用和行政管理及其他八类设施。

6.0.2 居住区配套公建的配建水平，必须与居住人口规模相对应。并应与住宅同步规划、同步建设和同时投入使用。

6.0.3 居住区配套公建的项目，应符合本规范附录A第A.0.6条规定。配建指标，应以表6.0.3规定的千人总指标和分类指标控制，并应遵循下列原则：

6.0.3.1 各地应按表6.0.3中规定所确定的本规范附录A第A.0.6条中有关项目及具体指标控制；

6.0.3.2 本规范附录A第A.0.6条和表6.0.3在使用时可根据规划布局形式和规划地四周的设施条件，对配建项目进行合理的归并、调整；但不应少于与其居住人口规模相对应的千人总指标；

6.0.3.3 当规划用地内的居住人口规模界于组团和小区之间或小区和居住区之间时，除配建下一级应配建的项目外；还应根据所增人数及规划用地周围的设施条件，增配高一级的有关项目及增加有关指标；

6.0.3.4 （取消该款）

6.0.3.5 （取消该款）

6.0.3.6 旧区改建和城市边缘的居住区，其配建项目与千人总指标可酌情增减，但应符合当地城市规划行政主管部门的有关规定；

6.0.3.7 凡国家确定的一、二类人防重点城市均应按国家人防部门的有关规定配建防空地下室，并应遵循平战结合的原则，与城市地下空间规划相结合，统筹安排。将居住区使用部分的面积，按其使用性质纳入配套公建；

6.0.3.8 居住区配套公建各项目的设置要求，应符合本规范附录A，第A.0.7条的规定。对其中的服务内容可酌情选用。

表 6.0.3 公共服务设施控制指标(m²/千人)

居住规模 类别	居住区		小区		组团	
	建筑面积	用地面积	建筑面积	用地面积	建筑面积	用地面积
总指标	1668~3293 (2228~4213)	2172~5559 (2762~6329)	968~2397 (1338~2977)	1097~3835 (1491~4585)	362~856 (703~1356)	488~1058 (868~1578)
教育	600~1200	1000~2400	330~1200	700~2400	160~400	300~500
医疗卫生 (含医院)	78~198 (178~398)	138~378 (298~548)	38~98	78~228	6~20	12~40
文体	125~245	225~645	45~75	65~105	18~24	40~60
商业服务	700~910	700~910	450~570	100~600	150~370	100~400
社区服务	59~464	76~668	59~292	76~328	19~32	16~28
金融邮电 (含银行、邮电局)	20~30 (60~80)	25~50	16~22	22~34	—	—
市政公用 (含居民存车处)	40~150 (460~820)	70~360 (500~960)	30~120 (400~700)	50~80 (450~700)	9~10 (350~510)	20~30 (400~550)
行政管理及其他	46~96	37~72	—	—	—	—

注：①居住区级指标含小区和组团级指标，小区级含组团级指标，
②公共服务设施总用地的控制指标应符合表 3.0.2 规定；
③总指标未含其他类，使用时应根据规划设计要求确定本类面积指标；
④小区医疗卫生类未含门诊所；
⑤市政公用类未含锅炉房，在采暖地区应自选确定。

6.0.4 居住区配套公建各项目的规划布局，应符合下列规定：

6.0.4.1 根据不同项目的使用性质和居住区的规划布局形式，应采用相对集中与适当分散相结合的方式合理布局。并应利于发挥设施效益，方便经营管理、使用和减少干扰；

6.0.4.2 商业服务与金融邮电、文体等有关项目宜集中布置，形成居住区各级公共活动中心；

6.0.4.3 基层服务设施的设置应方便居民，满足服务半径的要求。

6.0.4.4 配套公建的规划布局和设计应考虑发展需要。

6.0.5 居住区内公共活动中心、集贸市场和人流较多的公共建筑，必须相应配建公共停车场(库)，并应符合下列规定：

6.0.5.1 配建公共停车场(库)的停车位控制指标，应符合表 6.0.5 规定；

6.0.5.2 配建公共停车场(库)应就近设置，并宜采用地下或多层车库。

表6.0.5　　　　　　　　　**配建公共停车场(库)停车位控制指标**

名称	单位	自行车	机动车
公共中心	车位/100m²建筑面积	大于或等于7.5	大于或等于0.45
商业中心	车位/100m²营业面积	大于或等于7.5	大于或等于0.45
集贸市场	车位/100m²营业面积	大于或等于7.5	大于或等于0.30
饮食店	车位/100m²营业面积	大于或等于3.6	大于或等于0.30
医院、门诊所	车位/100m²建筑面积	大于或等于1.5	大于或等于0.30

注：①本表机动车停车车位以小型汽车为标准当量表示；
②其他各型车辆停车位的换算办法，应符合本规范第11章中有关规定。

7　绿　　　地

7.0.1　居住区内绿地，应包括公共绿地、宅旁绿地、配套公建所属绿地和道路绿地，其中包括了满足当地植树绿化覆土要求、方便居民出入的地下或半地下建筑的屋顶绿地。

7.0.2　居住区内绿地应符合下列规定

7.0.2.1　一切可绿化的用地均应绿化，并宜发展垂直绿化；

7.0.2.2　宅间绿地应精心规划与设计；宅间绿地面积计算办法应符合本规范第11章中有关规定；

7.0.2.3　绿地率：新区建设不应低于30%；旧区改建不宜低于25%。

7.0.3　居住区内的绿地规划，应根据居住区的规划布局形式、环境特点及用地的具体条件，采用集中与分散相结合，点、线、面相结合的绿地系统。并宜保留和利用规划范围内的已有树木和绿地。

7.0.4　居住区内的公共绿地，应根据居住区不同的规划布局形式设置相应的中心绿地，以及老年人、儿童活动场地和其他的块状、带状公共绿地等，并应符合下列规定：

7.0.4.1　中心绿地的设置应符合下列规定：

(1)符合表7.0.4-1规定，表内"设置内容"可视具体条件选用；

表7.0.4-1　　　　　　　　　**各级中心公共绿地设置规定**

中心绿地名称	设置内容	要求	最小规模(hm²)
居住区公园	花木草坪、花坛水面、凉亭雕、小卖茶座、老幼设施、停车场地和铺装地面	园内布局应有明确的功能划分	1.0
小游园	花木草坪、花坛水面、雕塑、儿童设施和铺装地面	园内布局应有一定的功能划分	0.4
组团绿地	花木草坪、桌椅、简易儿童设施等	灵活布局	0.04

（2）至少应有一个边与相应级别的道路相邻；

（3）绿化面积（含水面）不宜小于 70%；

（4）便于居民休憩、散步和交往之用，宜采用开敞式，以绿篱或其他通透式院墙栏杆作分隔；

（5）组团绿地的设置应满足有不少于 1/3 的绿地面积在标准的建筑日照阴影线范围之外的要求，并便于设置儿童游戏设施和适于成人游憩活动。其中院落式组团绿地的设置还应同时满足表 7.0.4-2 中的各项要求，其面积计算起止界应符合本规范第 11 章中有关规定；

表 7.0.4-2　　　　　　　　　　　院落式组团绿地设置规定

封闭型绿地		开敞型绿地	
南侧多层楼	南侧高层楼	南侧多层楼	南侧高层楼
$L \geqslant 1.5L_2$	$L \geqslant 1.5L_2$	$L \geqslant 1.5L_2$	$L \geqslant 1.5L_2$
$L \geqslant 30m$	$L \geqslant 50m$	$L \geqslant 30m$	$L \geqslant 50m$
$S_1 \geqslant 800m^2$	$S_1 \geqslant 1800m^2$	$S_1 \geqslant 500m^2$	$S_1 \geqslant 1200m^2$
$S_2 \geqslant 1000m^2$	$S_2 \geqslant 2000m^2$	$S_2 \geqslant 600m^2$	$S_2 \geqslant 1400m^2$

注：①L——南北两楼正面间距（m）；

L_2——当地住宅的标准日照间距（m）；

S_1——北侧为多层楼的组团绿地面积（m^2）；

S_2——北侧为高层楼的组团绿地面积（m^2）。

②开敞型院落式组团绿地应符合本规范附录 A 第 A.0.4 条规定。

7.0.4.2　其他块状带状公共绿地应同时满足宽度不小于 8m、面积不小于 $400m^2$ 和本条第 1 款(2)、(3)、(4)项及第(5)项中的日照环境要求；

7.0.4.3　公共绿地的位置和规模，应根据规划用地周围的城市级公共绿地的布局综合确定。

7.0.5　居住区内公共绿地的总指标，应根据居住人口规模分别达到：组团不少于 $0.5m^2$/人，小区（含组团）不少于 $1m^2$/人，居住区（含小区与组团）不少于 $1.5m^2$/人，并应根据居住区规划布局形式统一安排、灵活使用。

旧区改建可酌情降低，但不得低于相应指标的 70%。

8　道　路

8.0.1　居住区的道路规划，应遵循下列原则：

8.0.1.1　根据地形、气候、用地规模和用地四周的环境条件、城市交通系统以及居民的出行方式，应选择经济、便捷的道路系统和道路断面形式；

8.0.1.2 小区内应避免过境车辆的穿行，道路通而不畅、避免往返迂回，并适于消防车、救护车、商店货车和垃圾车等的通行；

8.0.1.3 有利于居住区内各类用地的划分和有机联系，以及建筑物布置的多样化；

8.0.1.4 当公共交通线路引入居住区级道路时，应减少交通噪声对居民的干扰；

8.0.1.5 在地震烈度不低于六度的地区，应考虑防灾救灾要求；

8.0.1.6 满足居住区的日照通风和地下工程管线的埋设要求；

8.0.1.7 城市旧区改建，其道路系统应充分考虑原有道路特点，保留和利用有历史文化价值的街道；

8.0.1.8 应便于居民汽车的通行；

8.0.1.9 （取消该款）

8.0.2 居住区内道路可分为：居住区道路、小区路、组团路和宅间小路四级。其道路宽度，应符合下列规定：

8.0.2.1 居住区道路：红线宽度不宜小于 20m；

8.0.2.2 小区路：路面宽 6~9m，建筑控制线之间的宽度，需敷设供热管线的不宜小于 14m；无供热管线的不宜小于 10m；

8.0.2.3 组团路：路面宽 3~5m；建筑控制线之间的宽度，采暖区不宜小于 10m；非采暖区不宜小于 8m；

8.0.2.4 宅间小路：路面宽不宜小于 2.5m；

8.0.2.5 在多雪地区，应考虑堆积清扫道路积雪的面积，道路宽度可酌情放宽，但应符合当地城市规划行政主管部门的有关规定。

8.0.3 居住区内道路纵坡规定，应符合下列规定：

8.0.3.1 居住区内道路纵坡控制指标应符合表 8.0.3 的规定；

8.0.3.2 机动车与非机动车混行的道路，其纵坡宜按非机动车道要求，或分段按非机动车道要求控制。

8.0.4 山区和丘陵地区的道路系统规划设计，应遵循下列原则：

8.0.4.1 车行与人行宜分开设置自成系统；

8.0.4.2 路网格式应因地制宜；

8.0.4.3 主要道路宜平缓；

表 8.0.3   **居住区内道路纵坡控制指标(%)**

道路类别	最小纵坡	最大纵坡	多雪严寒地区最大纵坡
机动车道	≥0.2	≤8.0 L≤200m	≤5.0 L≤600m
非机动车道	≥0.2	≤3.0 L≤50m	≤2.0 L≤100m
步行道	≥0.2	≤8.0	≤4.0

注：L 为坡长(m)。

8.0.4.4　路面可酌情缩窄，但应安排必要的排水边沟和会车位，并应符合当地城市规划行政主管部门的有关规定。

8.0.5　居住区内道路设置，应符合下列规定：

8.0.5.1　小区内主要道路至少应有两个出入口；居住区内主要道路至少应有两个方向与外围道路相连；机动车道对外出入口间距不应小于150m。沿街建筑物长度超过150m时，应设不小于4m×4m的消防车通道。人行出口间距不宜超过80m，当建筑物长度超过80m时，应在底层加设人行通道；

8.0.5.2　居住区内道路与城市道路相接时，其交角不宜小于75°；当居住区内道路坡度较大时，应设缓冲段与城市道路相接；

8.0.5.3　进入组团的道路，既应方便居民出行和利于消防车、救护车的通行，又应维护院落的完整性和利于治安保卫；

8.0.5.4　在居住区内公共活动中心，应设置为残疾人通行的无障碍通道。通行轮椅车的坡道宽度不应小于2.5m，纵坡不应大于2.5%；

8.0.5.5　当居住区内尽端式道路的长度不宜大于120m，并应在尽端设不小于12m×12m的回车场地；

8.0.5.6　当居住区内用地坡度大于8%时，应辅以梯步解决竖向交通，并宜在梯步旁附设推行自行车的坡道；

8.0.5.7　在多雪严寒的山坡地区，居住区内道路路面应考虑防滑措施；在地震设防地区，居住区内的主要道路，宜采用柔性路面；

8.0.5.8　居住区内道路边缘至建筑物、构筑物的最小距离，应符合表8.0.5规定；

8.0.5.9　（取消该款）

8.0.6　居住区内必须配套设置居民汽车(含通勤车)停车场、停车库，并应符合下列规定：

8.0.6.1　居民汽车停车场车率不应小于10%；

8.0.6.2　居住区内地面停车率(居住区内居民汽车的停车位数量于居民住户数的比率)不宜超过10%；

8.0.6.3　居民停车场、库的布置应方便居民使用，服务半径不宜大于150m；

8.0.6.4　居民停车场、库的布置应留有必要的发展余地。

表8.0.5　　　　　　　　　**道路边缘至建、构筑物最小距离(m)**

道路级别与建、构筑物的关系			居住区道路	小区路	组团路及宅间小路
建筑物面向道路	无出入口	高层	5.0	3.0	2.0
		多层	3.0	3.0	2.0
	有出入口		—	5.0	2.5
建筑物山墙面向道路		高层	4.0	2.0	1.5
		多层	2.0	2.0	1.5
围墙面向道路			1.5	1.5	1.5

注：居住道路的边缘指红线；小区路、组团路及宅间小路的边缘指路面边线当小区路设有人行便道时，其道路边缘指便道边线。

9 竖 向

9.0.1 居住区的竖向规划，应包括地形地貌的利用、确定道路控制高程和地面排水规划等内容。

9.0.2 居住区竖向设计，应遵循下列原则：

9.0.2.1 合理利用地形地貌，减少土方工程量；

9.0.2.2 各种场地的适用坡度，应符合表9.0.1规定；

表9.0.1 **各种场地的适用坡度(%)**

场地名称	适用坡度
密实性地面和广场	0.3~3.0
广场兼停车场	0.2~0.5
室外场地： 　1. 儿童游戏场 　2. 运动场 　3. 杂用场地	 0.3~2.5 0.2~0..5 0.3~2.9
绿地	0.5~1.0
湿陷性黄土地面	0.5~7.0

9.0.2.3 满足水管线的埋设要求；

9.0.2.4 避免土壤受冲刷；

9.0.2.5 有利于建筑布置与空间环境的设计；

9.0.2.6 对外联系道路的高程应与城市道路标高相衔接。

9.0.3 当自然地形坡度大于8%，居住区地面连接形式宜选用台地式，台地之间应用挡土墙或护坡连接。

9.0.4 居住区内地面水的排水系统，应根据地形特点设计。在山区和丘陵地区还必须考虑排洪要求。地面水排水方式的选择，应符合以下规定：

9.0.4.1 居住区内应采用暗沟(管)排除地面水；

9.0.4.2 在埋设地下暗沟(管)极不经济的陡坎、岩石地段，或在山坡冲刷严重，管沟易堵塞的地段，可采用明沟排水。

10 管 线 综 合

10.0.1 居住区内应设置给水、污水、雨水和电力管线。在采用集中供热居住区内还应设置供热管线。同时，还应考虑煤气、通讯、电视公用天线、闭路电视、智能化等管线的设置或预留埋设位置。

10.0.2 居住区内各类管线的设置，应编制管线综合规划确定，并应符合下列规定：

10.0.2.1 必须与城市管线衔接；

10.0.2.2 应根据各类管线的不同特性和设置要求综合布置。各类管线相互间的水平与垂直净距，宜符合表 10.0.2-1 和表 10.0.2-2 的规定；

表 10.0.2-1　　　　　各种地下管线之间最小水平净距(m)

管线名称		给水管	排水管	煤气管③			热力管	电力电缆	电信电缆	电信管道
				低压	中压	高压				
排水管		1.5	1.5	—	—	—	—	—	—	—
煤气管③	低压	0.5	1.0	—	—	—	—	—	—	—
	中压	1.0	1.5	—	—	—	—	—	—	—
	高压	1.5	2.0	—	—	—	—	—	—	—
热力管		1.5	1.5	1.0	1.5	2.0	—	—	—	—
电力电缆		0.5	0.5	0.5	1.0	1.5	2.0	—	—	—
电信电缆		1.0	1.0	0.5	1.0	1.5	1.0	0.5	—	—
电信管道		1.0	1.0	1.0	1.0	2.0	1.0	1.2	0.2	—

注：①表中给水管与排水管之间的净距适用于管径小于或等于 200mm，当管径大于 200mm 时应大于或等于 3.0m；

②大于或等于 10kV 的电力电缆与其他任何电力电缆之间应大于或等于 0.25m，如加套管，净距可减至 0.1m；小于 10kV 电力电缆之间应大于或等于 0.1m；

③低压煤气管的压力为小于或等于 0.005MPa，中压为 0.005~0.3MPa，高压为 0.3~0.8MPa。

表 10.0.2-2　　　　　各种地下管线之间最小垂直净距(m)

管线名称	给水管	排水管	燃气管	热力管	电力 电缆	电信 电缆	电信 管道
给水管	0.15	—	—	—	—	—	—
排水管	0.40	0.15	—	—	—	—	—
燃气管	0.15	0.15	0.15	—	—	—	—

续表

管线名称	给水管	排水管	燃气管	热力管	电力 电缆	电信 电缆	电信 管道
热力管	0.15	0.15	0.15	0.15	—	—	—
电力电缆	0.15	0.50	0.50	0.50	0.50	—	—
电信电缆	0.2	0.50	0.50	0.15	0.50	0.25	0.25
电信管道	0.1	0.15	0.15	0.15	0.50	0.25	0.25
明沟沟底	0.5	0.5	0.5	0.5	0.5	0.5	0.5
涵洞基底	0.15	0.15	0.15	0.15	0.5	0.2	0.25
铁路轨底	1.0	1.2	1.0	1.2	1.0	1.0	1.0

10.0.2.3 宜采用地下敷设的方式。地下管线的走向,宜沿道路或与主体建筑平行布置,并力求线型顺直、短捷和适当集中,尽量减少转弯,并应使管线之间尽量减少交叉;

10.0.2.4 应考虑不影响建筑物安全和防止管线受腐蚀、沉陷、震动及重压。各种管线与建筑物和构筑物之间的最小水平间距,应符合表 10.0.2-3 规定;

表 10.0.2-3　　**各种管线与建、构筑物之间的最小水平间距(m)**

		建筑物 基础	地上杆柱(中心)			铁路 (中心)	城市道路 侧石边缘	公路 边缘
			通信、照明 及<10kV	≤35kV	>35kV			
给水管		3.0	0.5	3.00		5.0	1.50	1.0
排水管		2.5	0.5	1.50		5.0	1.50	1.0
煤气管	低压	1.50	1.00	1.00	5.00	3.75	1.50	1.0
	中压	2.00				3.75	1.50	1.0
	高压	4.00				5.0	2.50	1.0
热力管		直埋2.5 地沟0.5	1.00	2.00	3.00	3.75	1.50	1.00
电力电缆		0.60	0.60	0.6	0.6	3.75	1.50	1.00
电信电缆		0.60	0.50	0.6	0.6	3.75	1.50	1.00
电信管道		1.50	1.00	1.0	1.0	3.75	1.50	1.00

注:①表中给水管与城市道路侧石边缘的水平间距 1.0m 适用于管径小于或等于 200mm,当管径大于 200mm 时应大于或等于 1.5m;

②表中给水管与围墙或篱笆的水平间距 1.5m 是适用于管径小于或等于 200mm,当管径大于 200mm 时应大于或等于 2.5m;

③排水管与建筑物基础的水平间距,当埋深浅于建筑物基础时应大于或等于 2.5m;

④表中热力管与建筑物基础的最小水平间距对于管沟敷设的热力管道为 0.5m,对于直埋闭式热力管道管径小于或等于 250mm 时为 2.5m,管径大于或等于 300mm 时为 3.0m,对于直埋开式热力管道为 5.0m。

10.0.2.5 各种管线的埋设顺序应符合下列规定：

(1)离建筑物的水平排序，由近及远宜为：电力管线或电信管线、燃气管、热力管、给水管、雨水管、污水管；

(2)各类管线的垂直排序，由浅入深宜为：电信管线、热力管、小于 10kV 电力电缆、大于 10kV 电力电缆、燃气管、给水管、雨水管、污水管。

10.0.2.6 电力电缆与电信管缆宜远离，并按照电力电缆在道路东侧或南侧、电信电缆在道路西侧或北侧的原则布置；

10.0.2.7 管线之间遇到矛盾时，应按下列原则处理：

(1)临时管线避让永久管线；

(2)小管线避让大管线；

(3)压力管线避让重力自流管线；

(4)可弯曲管线避让不可弯曲管线。

10.0.2.8 地下管线不宜横穿公共绿地和庭院绿地。与绿化树种间的最小水平净距，宜符合表 10.0.2-4 中的规定。

表 10.0.2-4　　　　管线、其他设施与绿化树种间的最小水平净距(m)

管线名称	最小水平净距	
	至乔木中心	至灌木中心
给水管、闸井	1.5	1.5
污水管、雨水管、探井	1.5	1.5
煤气管、探井	1.2	1.2
电力电缆、电信电缆	1.0	1.0
电信管道	1.5	1.0
热力管	1.5	1.5
地上杆柱(中心)	2.0	2.0
消防龙头	1.5	1.2
道路侧石边缘	0.5	0.5

11　综合技术经济指标

11.0.1 居住区综合技术经济指标的项目应包括必要指标和可选用指标两类，其项目及计量单位应符合表 11.0.1 规定。

表 11.0.1 综合技术经济指标系列一览表

项　目	计量单位	数值	所占比重(%)	人均面积(m²人)
居住区规划总用地	hm²	▲	—	▲
1. 居住区用地(R)	hm²	▲	100	▲
①住宅用地(RO1)	hm²	▲	▲	▲
②公建用地(RO2)	hm²	▲	▲	▲
③道路用地(RO3)	hm²	▲	▲	▲
④公共绿地(RO4)	hm²	▲	▲	▲
2. 其他用地(E)	hm²	▲	—	—
居住户(套)数	户(套)	▲	—	—
居住人数	人	▲	—	—
户均人口	人/户	▲	—	—
总建筑面积	万 m²	▲	—	—
1. 居住区用地内建筑总面积	万 m²	▲	100	▲
①住宅建筑面积	万 m²	▲	▲	▲
②公建面积	万 m²	▲	▲	▲
2. 其他建筑面积	万 m²	△	—	—
住宅平均层数	层	▲	—	—
高层住宅比例	%	△	—	—
中高层住宅比例	%	△	—	—
人口毛密度	人/hm²	▲	—	—
人口净密度	人/hm²	△	—	—
住宅建筑套密度(毛)	套/hm²	▲	—	—
住宅建筑套密度(净)	套/hm²	▲	—	—
住宅建筑面积毛密度	万 m²/hm²	▲	—	—
住宅建筑面积净密度	万 m²/hm²	▲	—	—
居住区建筑面积毛密度(容积率)	万 m²/hm²	▲	—	—
停车率	%	▲	—	—
停车位	辆	▲	—	—
地面停车库	%	▲	—	—
地面停车位	辆	▲	—	—
住宅建筑净密度	%	▲	—	—
总建筑密度	%	▲	—	—
绿地率	%	▲	—	—
拆建比	—	△	—	—

注：▲必要指标；△选用指标

11.0.2 各项指标的计算，应符合下列规定：

11.0.2.1 规划总用地范围应按下列规定确定：

（1）当规划总用地周界为城市道路、居住区（级）道路、小区路或自然分界线时，用地范围划至道路中心线或自然分界线；

（2）当规划总用地与其他用地相邻，用地范围划至双方用地的交界处。

11.0.2.2 底层公建住宅或住宅公建综合楼用地面积应按下列规定确定：

（1）按住宅和公建各占该幢建筑总面积的比例分摊用地，并分别计入住宅用地和公建用地；

（2）底层公建突出于上部住宅或占有专用院场或因公建需要后退红线的用地，均应计入公建用地。

11.0.2.3 底层架空建筑用地面积的确定，应按底层及上部建筑的使用性质及其各占该幢建筑总建筑面积的比例分摊用地面积，并分别计入有关用地内；

11.0.2.4 绿地面积应按下列规定确定：

（1）宅旁（宅间）绿地面积计算的起止界应符合本规范附录 A 第 A.0.2 条的规定：绿地边界对宅间道路、组团路和小区路算到路边，当小区路设有人行便道时算到便道边，沿居住区路、城市道路则算到红线；距房屋墙脚 1.5m；对其他围墙、院墙算到墙脚；

（2）道路绿地面积计算，以道路红线内规划的绿地面积为准进行计算；

（3）院落式组团绿地面积计算起止界应符合本规范附录 A 第 A.0.3 条的规定：绿地边界距宅间路、组团路和小区路路边 1m；当小区路有人行便道时，算到人行便道边；临城市道路、居住区级道路时算到道路红线；距房屋墙脚 1.5m；

（4）开敞型院落组团绿地，应符合本规范表 7.0.4-2 要求；至少有一个面面向小区路，或向建筑控制线宽度不小于 10m 的组团级主路敞开，并向其开设绿地的主要出入口和满足本规范附录 A 第 A.0.4 条的规定；

（5）其他块状、带状公共绿地面积计算的起止界同院落式组团绿地。沿居住区（级）道路、城市道路的公共绿地算到红线。

11.0.2.5 居住区用地内道路用地面积应按下列规定确定：

（1）按与居住人口规模相对应的同级道路及其以下各级道路计算用地面积，外围道路不计入；

（2）居住区（级）道路，按红线宽度计算；

（3）小区路、组团路，按路面宽度计算。当小区路设有人行便道时，人行便道计入道路用地面积；

（4）居民汽车停放场地，按实际占地面积计算；

（5）宅间小路不计入道路用地面积。

11.0.2.6 其他用地面积应按下列规定确定：

（1）规划用地外围的道路算至外围道路的中心线；

（2）规划用地范围内的其他用地，按实际占用面积计算。

11.0.2.7 停车场车位数的确定以小型汽车为标准当量表示，其他各型车辆的停车位，应按表 11.0.2 中相应的换算系数折算。

表 11.0.2 各型车辆停车位换算系数

车型	换算系数
微型客，货汽车机动三轮车	0.7
卧车，两吨以下货运汽车	1.0
中型客车，面包车，2~4t 货运汽车	2.0
铰接车	3.5

附录 A 附图及附表

A.0.1 附图 A.0.1 中国建筑气候区划图

A.0.2 附图 A.0.2 宅旁（宅间）绿地面积计算起止界示意图

A.0.3 附图 A.0.3 院落式组团绿地面积计算起止界示意图

A.0.4 附图 A.0.4 开敞型院落式组团绿地示意图

A.0.5 附表 A.0.1 居住区用地平衡表

A.0.6 附表 A.0.6 公共服务设施项目分级配建表

A.0.7 附表 A.0.3 公共服务设施各项目的设置规定

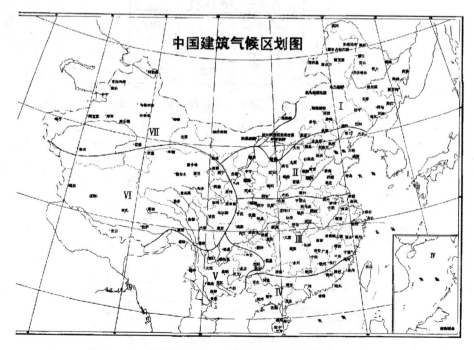

附图 A.0.1 中国建筑气候区划图

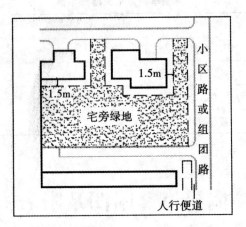

附图 A.0.2　宅旁(宅间)绿地面积计算起止界示意图

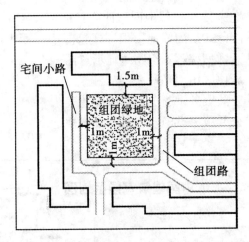

附图 A.0.3　院落式组团绿地面积计算起止界示意图

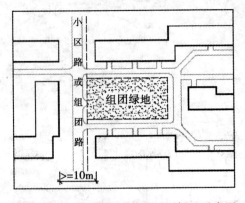

附图 A.0.4　开敞型院落式组团绿地示意图

附表 A.0.1 居住区用地平衡表

用　地		面积(公顷)	所占比例(%)	人均面积(m²/人)
一、居住区用地(R)		▲	100	▲
1	住宅用地(R01)	▲	▲	▲
2	公建用地(R02)	▲	▲	▲
3	道路用地(R03)	▲	▲	▲
4	公共绿地(R04)	▲	▲	▲
二、其他用地(E)		△	—	—
居住区规划总用地		△	—	—

注:"▲"为参与居住区用地平衡的项目。

附表 A.0.2 公共服务设施项目分级配建表

类别	项　目	居住区	小区	组团
教育	托儿所	---	▲	△
	幼儿园	---	▲	---
	小学	---	▲	---
	中学	▲	=	---
医疗卫生	医院(200~300床)	▲	=	---
	门诊所	▲	=	---
	卫生站	---	▲	=
	护理院	△	---	=
文化体育	文化活动中心(含青少年活动中心,老年活动中心)	▲	---	---
	文化活动站(含青少年老年活动站)	---	▲	---
	居民运动场、馆	△	---	---
	居民健身设施(含老年户外活动场地)	=	▲	△
商业服务	综合食品店	▲	▲	---
	综合百货店	▲	▲	---
	餐饮	▲	▲	---
	中西药店	▲	△	---
	书店	▲	△	---
	市场	▲	△	---
	便民店	---	---	▲
	其他第三产业设施	▲	▲	---

续表

类别	项　　目	居住区	小区	组团
金融邮电	银行	△	—	—
	储蓄所	—	▲	—
	电信支局	△	—	—
	邮电所	—	▲	—
社区服务	社区服务中心(含老年人服务中心)	—	▲	—
	养老院	△	—	—
	托老所	—	△	—
	残疾人托养中心	△	—	—
	治安联防站	—	—	▲
	居(里)委会(社区用房)	—	—	▲
	物业管理	—	▲	—
市政公用	供热站或热交换站	△	△	△
	变电室	—	▲	△
	开闭所	▲	—	—
	路灯配电室	—	▲	—
	燃气调压站	△	△	—
	高压水泵房	—	—	△
	公共厕所	▲	▲	△
	垃圾转运站	△	△	—
	垃圾收集点	—	—	▲
	居民存车处	—	—	▲
	居民停车场、库	△	△	△
	公交始末站	△	△	—
	消防站	△	—	—
	燃料供应站	△	△	—
行政管理及其他	街道办事处	▲	—	—
	市政管理机构(所)	▲	—	—
	派出所	▲	—	—
	其他管理用房	▲	△	—
	防空地下室	△②	△②	△②

注：①▲为应配建的项目；△为宜设置的项目。

②在国家确定的一、二类人防重点城市，应按人防有关规定配建防空地下室。

附表 A.0.3 公共服务设施各项目的设置规定

设施名称	项目名称	服务内容	设置规定	每一处规模	
				建筑面积（m²）	用地面积（m²）
教育	（1）托儿所	保教小于3周岁儿童	(1)设于阳光充足，接近公共绿地，便于家长接送的地段	—	4班≥1200 6班≥1400 8班≥1600
	（2）幼儿园	保教学龄前儿童	(2)托儿所每班按25座计；幼儿园每班按30座计 (3)服务半径不宜大于300m；层数不宜高于3层 (4)三班和三班以下的托、幼园所，可混合设置，也可附设于其他建筑，但应有独立院落和出入口，四班和四班以上的托、幼园所均应独立设置 (5)八班和八班以上的托、幼园所，其用地应分别按每座不小于7m²或9m²计 (6)托、幼建筑宜布置于可挡寒风的建筑物的背风面，但其主要房间应满足冬至日不小于2h的日照标准 (7)活动场地应有不少于1/2的活动面积在标准的建筑日照阴影线之外	—	4班≥1500 6班≥2000 8班≥2400
	（3）小学	6~12周岁儿童入学	(1)学生上下学穿越城市道路时，应有相应的安全措施 (2)服务半径不宜大于500m (3)教学楼应满足冬至日不小于2h的日照标准不限	—	12班≥6000 18班≥7000 24班≥8000
	（4）中学	12~18周岁青少年入学	(1)在拥有3所或3所以上中学的居住区或居住地内，应有一所设置400m环形跑道的运动场 (2)服务半径不宜大于1000m (3)教学楼应满足冬至日不小于2h的日照标准不限	—	18班≥11000 24班≥12000 30班≥14000

续表

设施名称	项目名称	服务内容	设置规定	每一处规模	
				建筑面积（m²）	用地面积（m²）
医疗卫生	(5)医院	含社区卫生服务中心	(1)宜设于交通方便，环境较安静地段 (2)10万人左右则应设一所300~400床医院 (3)病房楼应满足冬至日不小于2h的日照标准	12000~18000	15000~25000
	(6)门诊所	或社区卫生服务中心	(1)一般3~5万人设一处，设医院的居住区不再设独立门诊 (2)设于交通便捷，服务距离适中的地段	2000~3000	3000~5000
	(7)卫生站	社区卫生服务站	1~1.5万人设一处	300	500
	(8)护理院	健康状况较差或恢复期老年人日常护理	(1)最佳规模为100~150床位 (2)每床位建筑面积≥30m² (3)可与社区卫生服务中心合设	3000~45000	—
文体	(9)文化活动中心	小型图书馆、科普知识宣传与教育；影视厅、舞厅、游艺厅、球类、棋类活动室；科技活动、各类艺术训练班及青少年和老年人学习活动场地、用房等	宜结合或靠近同级中心绿地安排	4000~5000	8000~12000
	(10)文化活动站	书报阅览、书画、文娱、健身、音乐欣赏、茶座等主要供青少年和老年人活动	(1)宜结合或靠近同级中心绿地安排 (2)独立性组团应设置本站	400~600	400~600
	(11)居民运动场、馆	健身场地	宜设置60~100m直跑道和200m环形跑道及简单的运动设施	—	10000~15000
	(12)居民健身设施	篮、排球及小型球类场地，儿童及老年人活动场地和其他简单运动设施等	宜结合绿地安排	—	—

续表

设施名称	项目名称	服务内容	设置规定	每一处规模	
				建筑面积（m²）	用地面积（m²）
商业服务	(13)综合食品店	粮油、副食、糕点、干鲜果品等	(1)服务半径：居住区不宜大于500m；居住小区不宜大于300m (2)地处山坡地的居住区，其商业服务设施的布点，除满足服务半径的要求外，还应考虑上坡空手，下坡负重的原则	居住区：1500~2500 小区：800~1500	—
	(14)综合百货店	日用百货、鞋帽、服装、布匹、五金及家用电器等		居住区：2000~3000 小区：400~600	—
	(15)餐饮	主食、早点、快餐、正餐等		—	—
	(16)中西药店	汤药、中成药与西药		200~500	—
	(17)书店	书刊及音像制品		300~1000	—
	(18)市场	以销售农副产品和小商品为主	设置方式应根据气候特点与当地传统的集市要求而定	居住区：100~1200 小区：500~1000	居住区：1500~2000 小区：800~1500
	(19)便民店	小百货、小日杂	宜设于组团的出入口附近	—	—
	(20)其他第三产业设施	零售、洗染、美容美发、照相、影视文化、休闲娱乐、洗浴、旅店、综合修理以及辅助就业设施等	具体项目、规模不限	—	—

设施名称	项目名称	服务内容	设置规定	每一处规模	
				建筑面积（m²）	用地面积（m²）
金融邮电	（21）银行	分理处	宜与商业服务中心结合或邻近设置	800~1000	400~500
	（22）储蓄所	储蓄为主		100~150	—
	（23）电信支局	电话及相关业务	根据专业规划需要设置	1000~2500	600~1500
	（24）邮电所	邮电综合业务包括电报、电话、信函、包裹、兑汇和报刊零售等	宜与商业服务中心结合或邻近设置	100~150	—
社区服务	（25）社区服务中心	家政服务、就业指导、中介、咨询服务、代客订票、部分老年人服务设施等	每小区设置一处，居住区也可合并设置	200~300	300~500
	（26）养老院	老年人全托式护理服务	(1)一般规模为150~200床位 (2)每床位建筑面积≥400m²	—	—
	（27）托老所	老年人日托(餐饮、文娱、健身、医疗保健等)	(1)一般规模为30~50床位 (2)每床位建筑面积20m² (3)宜靠近集中绿地安排，可与老年活动中心合并设置	—	—
	（28）残疾人托养所	残疾人全托式护理	—	—	—
	（29）治安联防站	—	可与居(里)委会合设	18~30	12~20
	（30）居(里)委会(社区用房)	—	300~1000户设一处	30~50	—
	（31）物业管理	建筑与设备维修、保安、绿化、环卫管理等	—	300~500	300

续表

设施名称	项目名称	服务内容	设置规定	每一处规模	
				建筑面积（m²）	用地面积（m²）
市政公用	（32）供热站或热交换站	—	—	根据采暖方式确定	
	（33）变电室	—	每个变电室负荷半径不应大于250m；尽可能设于其他建筑内	30~50	
	（34）开闭所	—	1.2万~2.0万户设一所；独立设置	200~300	≥500
	（35）路灯配电室	—	可与变电室合设于其他建筑内	20~40	
	（36）煤气调压站	—	按每个中低调压站负荷半径500m设置；无管道煤气地区不设	50	100~120
	（37）高压水泵房	—	一般为低水压区住宅加压供水附属工程	40~60	—
	（38）公共厕所	—	每1000~1500户设一处；宜设于人流集中之处	30~60	60~100
	（39）垃圾转运站	—	应采用封闭式设施，力求垃圾存放和转运不外露，当用地规模为0.7~1km²设一处，每处面积不应小于100m²，与周围建筑物的间隔不应小于5m	—	—
	（40）垃圾收集点	—	服务半径不应大于70m，宜采用分类收集	—	—
	（41）居民存车处	存放自行车、摩托车	宜设于组团或靠近组团设置，可与居（里）委会合设于组团的入口处	1~2辆/户；地上0.8~1.2m²/辆；地下1.5~1.8m²/辆	
	（42）居民停车场、库	存放机动车	服务半径不宜大于150m	—	—
	（43）公交始末站	—	可根据具体情况设置	—	—
	（44）消防站	—	可根据具体情况设置	—	—
	（45）燃料供应站	煤或罐装燃气	可根据具体情况设置	—	—

续表

设施名称	项目名称	服务内容	设置规定	每一处规模	
				建筑面积（m²）	用地面积（m²）
行政管理及其他	（46）街道办事处		3万~5万人设一处	700~1200	300~500
	（47）市政管理机构（所）	供电、供水、雨污水、绿化、环卫等管理与维修	宜合并设置	—	—
	（48）派出所	户籍治安管理	3万~5万人设一处；宜有独立院落	700~1000	600
	（49）其他管理用房	市场、工商税务、粮食管理等	3万~5万人设一处；可结合市场或街道办事处设置	100	—
	（71）防空地下室	掩蔽体、救护站、指挥所等	在国家确定的一、二类人防重点城市中，凡高层建筑下设满堂人防，另以地面建筑面积2%配建。出入口宜设于交通方便的地段，考虑平战结合	—	—

附录 B 本规范用词说明

B.0.1 为便于在执行本规范条文时区别对待，对要求严格程度不同的用词说明如下：

B.0.1.1 表示很严格，非这样不可的：

正面词采用"必须"；

反面词采用"严禁"。

B.0.1.2 表示严格，在正常情况下均应这样做的：

正面词采用"应"；

反面词采用"不应"或"不得"。

B.0.1.3 表示允许稍有选择，在条件许可时首先应这样做的：

正面词采用"宜"或"可"；

反面词采用"不宜"。

B.0.2 条文中指定应按其他有关标准、规范执行时，写法为"应符合……的规定"。

中华人民共和国行业标准

城 市 规 划 制 图 标 准

standard for drawing in urban planning

CJJ/T 97—2003

批准部门：中华人民共和国建设部

施行日期：2003 年 12 月 01 日

中华人民共和国建设部

公告

第 174 号

建设部关于发布行业标准《城市规划制图标准》的公告

现批准《城市规划制图标准》为行业标准，编号为 CJJ/T97—2003，自 2003 年 12 月 1 日起实施。

本标准由建设部标准定额研究所组织中国建设工业出版社出版发行。

中华人民共和国建设部

2003 年 8 月 19 日

前　　言

　　根据原城乡建设环境保护部计标函(1987)第78号文的要求,《城市规划制图标准》编制组经广泛调查研究,认真总结实践经验,参考有关国际标准和国外先进标准,并在广泛征求意见的基础上,制定了本标准。

　　本标准的主要技术内容是:1. 总则;2. 城市规划各种图纸的具体制图要求;3. 城市规划的用地图例、规划要素图例。

　　本标准由建设部负责管理,由主编单位负责具体技术内容的解释。

　　本标准主编单位:浙江省建设厅(地址:浙江省杭州市省府路省府二号楼;邮政编码:310025)

　　本标准参加单位:杭州市规划院

　　本标准主要起草人员:章济宏　张晓红　吴为　侯成哲

1　总　　则

　　1.0.1　为规范城市规划的制图,提高城市规划制图的质量,正确表达城市规划图的信息,制定本标准。

　　1.0.2　本标准适用于城市总体规划、城市分区规划。城市详细规划可参照使用。

　　1.0.3　本标准未规定的内容,可参照其他专业标准的制图规定执行,也可由制图者在本标准的基础上进行补充,但不得与本标准中的内容相矛盾。

　　1.0.4　城市规划图纸,应完整、准确、清晰、美观。

　　1.0.5　城市规划制图除应符合本标准外,尚应符合国家现行有关强制性标准的规定。

2　一　般　规　定

2.1　图纸分类和应包括的内容

　　2.1.1　城市规划图纸可分为现状图、规划图、分析图三类。

　　2.1.2　城市规划的现状图应是记录规划工作起始的城市状态的图纸,并应包括城市用地现状图与各专项现状图。

　　2.1.3　城市规划的规划图应是反映规划意图和城市规划各阶段规划状态的图纸。

　　2.1.4　本《标准》不对分析图的制图做出规定。

2.1.5 城市总体规划图应有图题、图界、指北针、风象玫瑰、比例、比例尺、规划期限、图例、署名、编制日期、图标等。

2.2 图 题

2.2.1 图题应是各类城市规划图的标题。城市规划图纸应书写图题。

2.2.2 有图标的城市规划图,应填写图标内的图名并应书写图题。

2.2.3 图题的内容应包括:项目名称(主题)、图名(副题)。副题的字号宜小于主题的字号。

2.2.4 图题宜横写,不应遮盖图纸中现状与规划的实质内容。位置应选在图纸的上方正中,图纸的左上侧或右上侧。不应放在图纸内容的中间或图纸内容的下方。

2.3 图 界

2.3.1 图界应是城市规划图的幅面内应涵盖的用地范围。所有城市规划的现状图和规划图,都应涵盖规划用地的全部范围、周邻用地的直接关联范围和该城市规划图按规定应包含的规划内容的范围。

2.3.2 当用一幅图完整地标出全部规划图图界内的内容有困难时,可将突至图边外部的内容标明连接符号后,把连接符号以外的内容移至图边以内的适当位置上。移入图边以内部分的内容、方位、比例应与原图保持一致,并不得压占规划或现状的主要内容。

2.3.3 必要时,可绘制一张缩小比例的规划用地关系图,然后再将规划用地的自然分片、行政分片或规划分片按各自相对完整的要求,分别绘制在放大的分片图内。

2.3.4 城市总体规划图的图界,应包括城市总体规划用地的全部范围。可做到城市规划区的全部范围。

2.3.5 城市分区规划图、详细规划图的图界,应至少包括规划用地及其以外 50m 内相邻地块的用地范围。

2.4 指北针与风象玫瑰

2.4.1 城市总体规划的规划图和现状图,应标绘指北针和风象玫瑰图。城市详细规划图可不标绘风象玫瑰图。

2.4.2 指北针与风象玫瑰图可一起标绘,指北针也可单独标绘。

2.4.3 组合型城市的规划图纸上应标绘城市各组合部分的风象玫瑰图,各组合部分的风象玫瑰图应绘制在其所代表的图幅上,也可在其下方用文字标明该风象玫瑰图的适用地。

2.4.4 指北针的标绘,应符合现行国家标准《房屋建筑制图统一标准》GB/T 50001 的有关规定。

2.4.5 风象玫瑰图应以细实线绘制风频玫瑰图,以细虚线绘制污染系数玫瑰图。风频玫瑰图与污染系数玫瑰图应重叠绘制在一起。

2.4.6 指北针与风象玫瑰图组合一起标绘的,如图 2.4.6。

2.4.7 指北针与风象玫瑰的位置应在图幅图区内的上方左侧或右侧。

2.5 比例、比例尺

2.5.1 城市规划图上标注的比例应是图纸上单位长度与地形实际单位长度的比例关系。

2.5.2 城市规划图,除与尺度无关的规划图以外,必须在图上标绘出表示图纸上单位长度与地形实际单位长度比例关系的比例与比例尺。

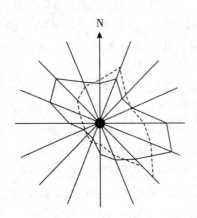

图 2.4.6　结合风象玫瑰图标绘的指北针

2.5.3　在原图上制作的城市规划图的比例，应用阿拉伯数字表示。城市规划图经缩小或放大后使用的，应将比例数调整为图纸缩小或放大后的实际比例数值或加绘形象比例尺。形象比例尺应按图 2.5.3 所示绘制。

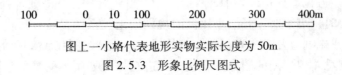

图上一小格代表地形实物实际长度为 50m

图 2.5.3　形象比例尺图式

2.5.4　城市规划图使用的比例，应按国家有关规定执行。

2.5.5　城市规划图比例尺的标绘位置可在风象玫瑰图的下方或图例下方。

2.6　规划期限

2.6.1　城市规划图应标注规划期限。

2.6.2　城市规划图上标注的期限应与规划文本中的期限一致。规划期限标注在副题的右侧或下方。

2.6.3　城市规划图的期限应标注规划期起始年份至规划期末年份并应用公元表示。

2.6.4　现状的图纸只标注现状年份，不标准规划期。现状年份应标注在副题的右侧或下方。

2.7　图　　例

2.7.1　城市规划图均应标绘有图例。图例由图形(线条或色块)与文字组成，文字是对图形的注释。

2.7.2　城市规划用地图例，单色图例应使用线条、图形和文字；多色图例应用色块、图形和文字。

2.7.3　城市规划图的图例应按本标准第 3.1 节规定的图例绘制。

2.7.4　绘制城市规划图应使用本标准规定的图例、其他专业标准规定的图例或自行增加的图例，在同一项目中应统一。

2.7.5　城市规划图的图例应绘在图纸的下方或下方的一侧。

2.8 署 名

2.8.1 城市规划图与现状图上必须署城市规划编制单位的正式名称，并可加绘编制单位的徽记。

2.8.2 有图标的城市规划图，在图标内署名；没有图标的城市规划图，在规划图纸的右下方署名。

2.9 编绘日期

2.9.1 城市规划图应注明编绘日期。

2.9.2 编绘日期是指全套成果图完成的日期。复制的城市规划图，应注明原成果图完成的日期。

2.9.3 修改的规划图纸，成为新的成果图的，应注明修改完成的日期。

2.9.4 有图标的城市规划图，在图标内标注编绘日期；没有图标的城市规划图，在规划图纸下方，署名位置的右侧标注编绘日期。

2.10 图 标

2.10.1 城市规划图上可用图标记录规划图编制过程中，规划设计人与规划设计单位技术责任关系和项目索引等内容。

2.10.2 用于张贴、悬挂的现状图、规划图可不设图标；用于装订成册的城市规划图册，在规划图册的目录页的后面应统一设图标或每张图纸分别设置图标。

2.10.3 城市规划图的图标应位于规划图的下方。

2.10.4 图纸内容较宽，一幅图纸底部难以放下图标的规划图，宜把图标等内容放到图纸的一侧(图2.10.4a)；一幅图纸下部能放下图标的规划图，图标应放在图纸的下方(图2.10.4b)。

(a)

(b)

图 2.10.4 图标位置

2.11　文字与说明

2.11.1　城市规划图上的文字、数字、代码，均应笔画清晰、文字规范、字体易认、编排整齐、书写端正。标点符号的运用应准确、清楚。

2.11.2　城市规划图上的文字应使用中文标准简化汉字。涉外的规划项目，可在中文下方加注外文；数字应使用阿拉伯数字，计量单位应使用国家法定计量单位；代码应使用规定的英文字母、年份应用公元年表示。

2.11.3　文字高度应按表 2.11.3 中所列数字选用。

表 2.11.3

	文字高度(mm)
用于蓝图、缩图、底图	3.5、5.0、7.0、10、14、20、25、30、35
用于彩色挂图	7.0、10、14、20、25、30、35、40、45

注：经缩小或放大的城市规划图，文字高度随原图纸缩小或放大，以字迹容易辨认为标准

2.11.4　城市规划图上的文字字体应易于辨认。中文应使用宋体、仿宋体、楷体、黑体、隶书体等，不得使用篆体和美术字体。外文应使用印刷体、书写体等，不得使用美术体等字体。数字应使用标准体、书写体。

2.11.5　城市规划图上的文字、数字，应用于图题、比例、图标、风象玫瑰(指北针)、图例、署名、规划期限、编制日期、地名、路名、桥名、道路的通达地名、水系(河、江、湖、溪、海)名、名胜地名、主要公共设施名称、规划参数等。

2.12　图幅规格

2.12.1　城市规划图的图幅规格可分规格幅面的规划图和特型幅面的规划图两类。直接使用 0 号、1 号、2 号、3 号、4 号规格幅面绘制的图纸为规格幅面图纸；不直接使用 0 号、1 号、2 号、3 号、4 号规格幅面绘制的规划图为特型幅面图纸。

2.12.2　用于晒制蓝图的规格图幅宜符合表 2.12.2 的规定和图 2.12.2 的格式。

表 2.12.2　　　　　　　　　　晒制蓝图的规格图幅(mm)

基本幅面	0号　1号　2号	3号　4号
$b×l$	841×1189　594×841　420×594	297×420　210×297
c	10	5
a	25	

2.12.3　用于复印的规格图幅，可根据现有复印设备和材料规格选用。

2.12.4　特型图幅的城市规划图尺不做规定，宜有一对边长与规格图纸的边长相一致。

2.12.5　同一规划项目的图纸规格宜一致。

2.13　图号顺序

2.13.1　城市规划图的顺序宜按布局规划图排在前，工程规划图排在后；基础图排在

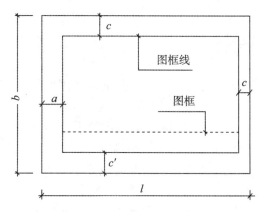

图 12.2.2　规格幅面图纸的尺寸示意图

前，规划图排在后；现状图排在前，规划图排在后的原则进行编排。

2.13.2　城市规划图缺省或增加时，图纸的编排顺序应为：

1. 城市总体规划图缺省时，图纸编排顺序不空缺，下面序号的图纸的序号应紧接着上面依次往下排。

2. 城市总体规划图增加时，增加的图纸应按插入编排顺序号：属主要城市规划图，应按现状图在前，规划图在后的顺序插入在总体规划图之后；属专业规划的图纸，应按现状图在前，规划图在后的顺序插在近期建设规划图的前面，图纸编排顺序号应依次往后推。

城市分区规划与城市详细规划图纸缺省或增加时也应符合上述编排顺序。

2.14　图纸数量与图纸的合并绘制

2.14.1　城市规划图的数量应根据规划对象的特点、规划内容的实际情况、规划工作需要表达的内容决定。规划图的数量应按照有关规定执行。

2.14.2　同种专业或不同专业内容的现状图和规划图，在不影响图纸内容识别的前提下，均可合并绘制。

2.15　定　　位

2.15.1　城市规划图的定位应包括规划要素的平面定位、竖向定位、时间定位。

2.15.2　城市规划图的平面定位应是对规划要素平面图上两个点的坐标定位；一个点加上一条不通过该点的直线的定位；一个点加上一条直线的方位的定位。

1. 点的平面定位，单点定位应采用北京坐标系或西安坐标系定位，不宜采用城市独立坐标系定位。在个别地方使用坐标定位有困难时，可以采用与固定点相对位置定位（矢量定位、向量定位等）。

2. 直线的平面定位应采用通过直线上两个不同位置点的平面坐标定位；通过线上一点的坐标加上线的走向方位定位；与已知直线的平面距离定位。

3. 定曲率曲线平面定位应采用曲率中心点坐标加已知曲率半径定位，两已知直线插入定曲率半径曲线定位。

4. 变曲率曲线平面定位应采用方格网定位。在总体规划、分区规划中，不得使用变曲率曲线定位。

2.15.3 城市规划图的竖向定位应采用黄海高程系海拔数值定位。不得单独使用相对高差进行竖向定位。

2.15.4 城市规划图的时间定位应绘出分期建设的用地范围、建设时序或规划中不同期限的目标内容。

2.16 地 形 图

2.16.1 城市规划使用的地形图,应采用测绘行政主管部门最新公布的地形图纸。

2.16.2 城市规划使用的地形图,必须及时由测绘单位对已改变了的地形要素进行修测、补测、清绘后方可使用。

2.16.3 城市规划使用的地形图,不得使用不同比例尺的地形图,经缩小、放大、拼接后的地形图;不得直接将小比例尺的地形图纸放大作为大比例尺的地形图纸使用。

2.16.4 城市规划图上应能看出原有地形、地貌、地物等地形要素。

2.16.5 使用有地形底纹的图纸绘制城市规划图时,地形底纹的色度要浅、淡;不同的规划图,可根据需要对地形图中的地形要素做必要的删减。

3 图例与符号

3.1 用地图例

3.1.1 用地图例应能表示地块的使用性质。

3.1.2 用地图例应分彩色图例、单色图例两种。彩色图例应用于彩色图;单色图例应用于双色图,黑、白图,复印或晒蓝的底图或彩色图的底纹、要素图例与符号等。

3.1.3 城市规划图中用地图例的选用和绘制应符合表 3.1.3 的规定,彩色用地图例按用地类别分为十类,对应于现行国家标准《城市用地分类与规划建设用地标准》GBJ 137 中的大类。中类、小类彩色用地图例在大类主色调内选色,在大类主色调内选择有困难时应按本标准第 3.1.5 条的规定执行。

3.1.4 城市规划图中,单色用地图例的选用和绘制应符合表 3.1.4 的规定。单色用地图例按用地类别分为十类,对应现行国家标准《城市用地分类与规划建设用地标准》GBJ 137 中的十大类。中类、小类用地图例应按本标准第 3.1.5 条规定执行。

3.1.5 总体规划图中需要表示到中类、小类用地时,可在相应的大类图式中加绘圆圈,并在圆圈内加注用地类别代号(图 3.1.5)。

二类居住用地   二类居住用地中的住宅用地

图 3.1.5 中类、小类用地的表示

表 3.1.3   **彩色用地图例**

代号	颜 色		颜色名称	说 明
R		Y100 M10	中铬黄	居住用地
C		Y80 M100	大红	公共设施用地
M		Y100 M60 C20 BL35	熟褐	工业用地
W		M100 C80	紫	仓储用地
T		BL40	中灰	对外交通用地
S		Y0 M0 C0 BL0	白	道路广场用地
U		Y60 M70 C30	赭石	市政设施用地
G		Y40 C40	中草绿	绿地
D		C50 M10 Y40 BL30	草绿	特殊用地
E E1		Y30 C10 C20	淡绿 淡蓝	其他用地 水域

注：表 3.1.3 中颜色一栏里所写的 Y 代表黄色，M 代表红色，C 代表青色，BL 代表黑色；数字代表色彩浓度%值。制图软件 Photoshop 中可查到

表 3.1.4   单色用地图例

代号	图式	说　　明
R	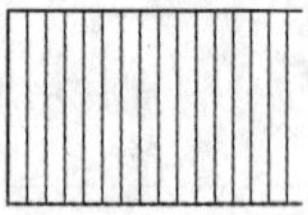	居住用地 $b/4+@$　　b 为粗，@ 为间距由绘者自定(下同)
C	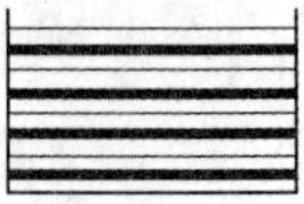	公共设施用地 $(b/2+2@)+(b+2@)$
M	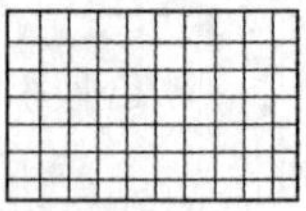	工业用地 $(b/4+2@)\times(b/4+2@)$
W	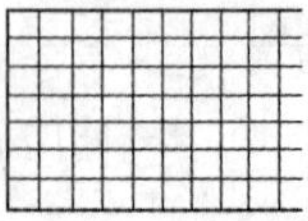	仓储用地 $(b+2@)\times(b/4+2@)$
T	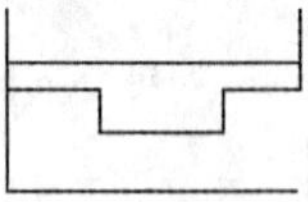	对外交通用地 $b/2$
S	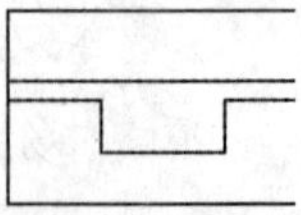	道路广场用地 $b/2$
U		市政公用设施用地 $b+2@$
G	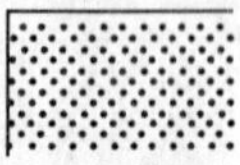	绿地 小原点 2@ ×2@ 错位
D		特殊用地 $(@+b/4)+(@+b/4)+(@+b/4)+(@+b)+\cdots\cdots$
E		水域和其他用地 $(2@+b/2)+(2@+b/2)$ 短画长度自定，错位。符号错位

3.2　规划要素图例

3.2.1　城市规划的规划要素图例应用于各类城市规划图中表示城市现状、规划要素与规划内容。

3.2.2　城市规划图中规划要素图例的选用宜符合表 3.2.2 的规定。规划要素图例与符号为单色图例。

表 3.2.2　　　　　　　　**城市规划要素图例**

图　例	名　称	说　明
城　镇		
◎⋯ 6	直辖市	数字尺寸单位：mm(下同)
◉⋯ 6	省会城市	也适用于自治区首府
◎⋯ 4	地区行署驻地城市	也适用于盟，州，自治区首府
⊙　●⋯ 4	副省级城市，地级城市	
⊙⋯ 4	县级市	县级设市城市
●⋯ 2	县城	县(旗)人民政府所在地镇
⊙⋯ 2	镇	镇人民政府驻地
行政区界		
4号界碑 5.0 1.0 0.8 3.6	国界	界桩，界碑，界碑编号数字单位 mm(下同)
5.0 0.6 4.0	省界	也适用于直辖市，自治区界
5.0 0.4 3.0 2.0	地区界	也适用于地级市，盟，州界

图　例	名　称	说　明
行政区界		
0.3 （3.0 / 5.0 虚线示意图）	县界	也适用于县级市，旗，自治县界
0.2 （3.0 3.0 / 5.0 虚线示意图）	镇界	也适用于乡界，工矿区界
0.4 （1.0 / 4.0 虚线示意图）	通用界线（1）	适用于城市规划区界，规划用地界，地块界，开发区界，文物古迹用地界，历史地段界，城市中心区范围等等
0.2 （2.0 / 8.0 虚线示意图）	通用界线（2）	适用于风景名胜区，风景旅游地等地名要写全称
交通设施		
民用 军用 （机场符号图）	机场	适用于民用机场 适用于军用机场
（码头符号图）	码头	500 吨位以上码头
干线 10.0 支线 地方线	铁路	站场部分加宽
C104(二)	公路	G—国道（省，县道写省，县） 104—公路编号 （二）—公路等级（高速，一，二，三，四）
（公路客运站符号图）	公路客运站	
（公路用地符号图）	公路用地	

图　例	名　称	说　明
地形、地质		
	坡度标准	$i_1=0-5\%$，$i_2=5\%-10\%$ $i_3=10\%-25\%$，$i_4\geqslant25\%$
	滑坡区	虚线为内滑坡范围
	崩塌区	
	溶洞区	
	泥石流区	小点之内示意泥石流边界
	地下采空区	小点围合以内示意地下采空区范围
	地面沉降区	小点围合以内示意地面沉降范围
	活动性地下断裂带	符号交错部位是活动性地下断裂带
	地震烈度	X用阿拉伯数字表示地震烈度等级
	灾害异常区	小点围合之内为灾害异常区范围
Ⅰ　Ⅱ　Ⅲ	地质综合评价类别	Ⅰ—适宜修建地区 Ⅱ—采取工程措施方能修建地区 Ⅲ—不宜修建地区

图 例	名 称	说 明
城镇体系		
30 20 10 2 3	城镇规模等级	单位：万人
工	城镇职能能级	分为：工 贸 交 综等
郊区规划		
2 0.2	村镇居民点	居民点用地范围应标明地名
2 0.2	村镇居民规划集居点	居民点用地范围应标明地名
	水源地	应标明水源地地名
	危险品库区	应标明库区地名
	火葬场	应标明火葬场所在地名
	公墓	应标明公墓所在地名
	垃圾处理消纳地	应标明消纳地所在地名
↓ ↓ ↓ ↓ ↓	农业生产用地	不分种植物种类
‖ ‖ ‖ ‖ ‖	禁止建设的绿色空间	
⊥ ⊥ ⊥ ⊥	基本农田保护区	经与土地利用总体规划协调后的范围

图　例	名　称	说　明
郊区规划		
	村镇居民点	居民点用地范围应标明地名
	标镇居民规划集居点	居民点用地范围应标明地名
	水源地	应标明水源地地名
	危险品库区	应标明库区地名
	火葬场	应标明火葬场所在地名
	公墓	应标明公墓所在地名
	垃圾处理消纳地	应标明消纳地所在地名
	农业生产用地	不分种植物种类
	禁止建设的绿色空间	
	基本农田保护区	经与土地利用总体规划协调后的范围

图　例	名　称	说　明
城市交通		
	快速路	
	城市轨道交通线路	包括：地面的轻轨，有轨电车…… 地下的地下铁道……
	主干路	
	次干路	
	支路	
	广场	应标明广场名称
P	停车场	应标明停车场名称
	加油站	
交	公交车场	应标明公交车场名称
	换乘枢纽	应标明换乘枢纽名称

图　　例	名　　称	说　　明
	给水，排水，消防	
	水源井	应标明水源井名称
	水厂	应标明水厂名称，制水能力
	给水泵站（加压站）	应标明泵站名称
水池	高位水池	应标明高位水池名称，容量
	贮水池	应标明贮水池名称，容量
	给水管道（消火栓）	小城市标明 100mm 以上管道，管径大中城市根据实际可以放宽
119	消防站	应标明消防站名称
	雨水管道	小城市标明 250mm 以上管道，管径大中城市根据实际可以放宽
	污水管道	小城市标明 250mm 以上管道，管径大中城市根据实际可以放宽
	雨、污水排放口	
	雨，污泵站	应标明泵站名称
污水处理厂	污水处理厂	应标明污水处理厂名称

图　例	名　称	说　明
电力、电信		
100kW	电源厂	kW 之前写上电源厂的规模容量值
100kV　100kW　100kV	变电站	kW 之前写上变电总容量 kV 之前写上前后电压值
kV 地	输、配电线路	KV 之前写上输、配电线路电压值 方框内：地—地理，空—架空
kV ⋯⋯P	高压走廊	P 宽度按高压走廊宽度填写 kW 之前写上线路电压值
	电信线路	
△ △ ▲	电信局 支局 所	应标明局、支局、所的名称
(((((((o))))))	收、发讯区	
|))))))))))))))	微波通道	
□ □	邮政局、所	应标明局、所的名称
✉	邮件处理中心	

图　例	名　称	说　明
燃　气		
R	气源厂	应标明气源厂名称
DN 压 R	输气管道	DN—输气管道管径 压—压字之前填高压、中压、低压
储气站 Rc m³	储气站	应标明储气站名称，容量
RT	调压站	应标明调压站名称
RZ	门站	应标明门站地名
Ra	气化站	应标明气化站名称
绿　化		
苗圃图例	苗圃	应标明苗圃名称
花圃图例	花圃	应标明花圃名称
专业植物园图例	专业植物园	应标明专业植物园全称
防护林带图例	防护林带	应标明防护林带名称

图　例	名　称	说　明
环卫、环保		
◑ 8	垃圾转运站	应标明垃圾转运站名称
环卫码头 H	环卫码头	应标明环卫码头名称
◼◻	垃圾无害化处理厂（场）	应标明处理厂（场）名称
H	贮粪池	应标明贮粪池名称
	车辆清洗站	应标明清洗站名称
H	环卫机构用地	
HP	环卫车场	
HX	环卫人员休息场	
HS	水上环卫站（场、所）	
WC	公共厕所	
◎	气体污染源	
	液体污染源	
⦂	固体污染源	
	污染扩散范围	
○	烟尘控制范围	
	规划环境标准分区	

图 例	名 称	说 明
防 洪		
	水库	应标明水库全称 m³ 之前应标明水库容量
	防洪堤	应标明防洪标准
	匣门	应标明匣门口宽、匣名
	排涝泵站	应标明泵站名称，一朝向排出口
	泄洪道	
	滞洪区	
人 防		
	单独人防工程区域	指单独设置的人防工程
	附建人防工程区域	虚线部分指附建于其他建筑物、构筑物底下的人防工程
	指挥所	应标明指挥所名称
	升降警报器	应标明警报器代号
	防护分区	应标明分区名称
	人防出入口	应标明出入口名称
	疏散道	

图　例	名　称	说　明
历史文化保护		
国保	国家级文物保护单位	标明公布的文物保护单位名称
省保	省级文物保护单位	标明公布的文物保护单位名称
市县保	市县级文物保护单位	标明公布的文物保护单位名称，市、县保是同一级别，一般只写市保或县保
文保	文物保护范围	指文物本身的范围
建设控制地带	文物建设控制地带	文字标在建设控制地带内
50m 30m	建设高度控制区域	控制高度以米为单位，虚线为控制区的边界线
古城墙	古城墙	与古城墙同长
古建筑	古建筑	应标明古建筑名称
××遗址	古遗址范围	应标明遗址名称

本规范用词说明

1 为便于在执行本规范条文时区别对待，对要求严格程度不同的用词说明如下：

1）表示很严格，非这样做不可的：

正面词采用"必须"；

反面词采用"严禁"。

2）表示严格，在正常情况下均应这样做的：

正面词采用"应"；

反面词采用"不应"或"不得"。

3）表示允许稍有选择，在条件许可时首先应这样做的：

正面词采用"宜"或"可"；

反面词采用"不宜"。

2 条文中指明应按其他有关标准、规范执行时，写法为"应按……执行"或"应符合……要求（或规定）"